A WILDER TIME

NOTES FROM A GEOLOGIST
AT THE EDGE OF THE GREENLAND ICE

極限大地

地質学者、人跡未踏のグリーンランドをゆく

ウィリアム・グラスリー［著］
小坂恵理［訳］

築地書館

A WILDER TIME
Notes from a Geologist at the Edge of the Greenland Ice
by William E. Glassley

Japanese translation by Eri Kosaka
Published in Japan by Tsukiji Shokan Publishing Co., Ltd., Tokyo

あらゆるものが荘厳な美しさに満たされている場所
もあれば、すっかり失われている場所もある。
——キャサリン・ラーソン

あなたはこの世界に外からやってきたのではない。
海の波のように、この世界から生まれた。だから、
ここではよそ者ではない。
——アラン・ワッツ

カイ・ソーレンセンとジョン・コーストガールへ。
ふたりの友情と情熱によって、チームアルファは実現した。
そしてニーナへ。この瞬間を受け入れられたのは、
きみが背中を押してくれたおかげだ。

口絵　アイスエッジに向かって歩くジョンとカイ

目次

第2章　統合

第3章　発現

扉画像

1章 iStock / Maxim Sail

2章 iStock / Alexey_Seafarer

3章 iStock / miralex

はじめに――人跡未踏の極限の大地〝ウィルダネス〟を経験するということ

新しい場所にせよ、以前に訪れた場所にせよ、目的地へ向かうときには、頭のなかで景色を想像して期待を膨らませる。最初は冒険に胸をときめかせ、実現させたいと願う。道中では不安材料もあるが、怖いもの見たさで好奇心をそそられ、体験してみたいと密かに願う。そして、私たちは目的地が旅の終点だと考えるが、現実にそうなることは滅多にない。むしろ目的地は入口となる可能性がある。そんなとき私たちは期待を打ち砕かれ、想像だにしなかった展開に放り込まれる。グリーンランドの荒野［訳注／本書では、wilderness は人が住めない広大な場所、あるいは手つかずの自然を指すが、日本語で適当な訳語がないので、本書では荒野とした］に足を踏み入れた私が、まさにそうだった。

地質学者にとって、グリーンランドは夢の世界だ。植物が根付く余裕もないほどのスピードで氷の後退が進むと、それまで何千年間も陸を支えてきた滑らかな岩盤がむき出しになる。岩盤は太陽の下で光り輝き、しきりに注目を集めようとしているようだ。思いがけない場所で遭遇したこの芸術品は、自分をじっくり観察してほしいと訴えている。

岩に流動性が備わっていることにはいつでも驚かされるが、今回グリーンランドで出会った露頭には、想像もつかなかったパターンが刻み込まれ、大陸の心臓部の流動性は水とほぼ等しいことが確実に証明された。積み重なる地層のなかには一インチ（二・五センチメートル）程度の薄いものもあれば、家屋よりも厚いものもある。色彩も鮮やかで、アースカラーやオフホワイト、あるいは緑、濃い藍色、赤もあり、それが様々に組み合わされている。地層はよじれて膨らんだと思えば、紙のように薄くなり、そのあと再び厚みを増す。そこにはどんなストーリーが隠されているのだろうか。何とかして突き止めたいが、熱意はあっても、ほとんど読み取ることができない。

私は今回これらの謎を解明するため、ふたりのデンマーク人地質学者、カイ・ソーレンセンとジョン・コーストガールと一緒にグリーンランドを訪れた。手つかずの荒野が果てしなく広がる環境は世界でも稀に見る厳しさだが、時にはそこに何週間も野営しながら、二〇〇〇平方マイル（五一八〇平方キロメートル）におよぶ地形をあちこち歩き回った。四つん這いになって露頭によじ登り、様々な破片を拾い集め、数々の手がかりをつなぎ合わせ、雄大なストーリーの創造に熱中した。それはちょうど、法科学で味わう喜びと同じだ。数々の異なる手法や技術、さらには論理的な主張の断片をひとまとめにすれば、最後には一貫性のある物語が完成し、人類誕生以前の地球の歴史のほぼすべてが明らかになる。

私たちの調査、さらには一九四〇年代まで遡る以前の調査からは、壮大な歴史の輪郭が僅かに浮かび上がった程度だ。生命と岩、そして両者が織りなす共生関係が謎を生み出しているところまでは理解できたが、その先にはなかなか進めない。本にたとえるなら、カバーはほぼ完成していても、インクが消えて各章の中身を読めない状態だと言える。

ほとんど研究成果が達成されないのも、特に意外ではない。屋外で野営するためには日光が差し、気温がある程度まで上昇しなければならないが、グリーンランドでそんな日は一年のうちに数カ月しかない。最も辺鄙な場所ともなると、往復するために特別な準備が必要で、入り用な後方支援も並大抵ではない。前人未踏の荒野がどこまでも広がる土地では、詳しい情報が僅かしか確認されない。

これまでに明らかにされたのは不思議な謎ばかりで、何とか解明したいと願う気持ちは募るばかりだ。岩盤に残された痕跡からは、二〇億年から三五億年前のどこかの時点で、造山運動を伴う複数の出来事が発生したことが推測される。なかでも最も新しい出来事はとてつもない規模で、後に誕生するヒマラヤ山脈にも匹敵するほどだったと思われる。実際、巨大な断層に沿って造山運動が進行した証拠は残されている。大昔、アンデス山脈に匹敵するほどの火山系と、大西洋と同規模の海盆が存在していたが、いまではすべて消滅し、地球のすさまじい進化の勢いに飲み込まれたと考えられる。ただし、この見解の裏付けとなる観察結果はほとんど得られず、データはあっても解釈が難しい。

さらに、科学が拠り所とする基本的な前提が確実に通用しないことが、今回の調査の課題への取り組みを一層複雑にしている。そもそも、今日地球で進行中のプロセスを対象とする地質学の研究は、すべてがプレートテクトニクスを大前提としている。プレートテクトニクスにおいては、地球は動的な惑星と見なされる。すなわち、地球の表面は大陸地殻も海洋もすべてが一二枚のプレートに覆われており、地球深部で発生する熱を原動力として各プレートはゆっくり移動していると考える。プレート同士が衝突すると山が形成され、お互いに離れるときには地殻が形成される。この地殻の創造と破壊のプロセスに一貫性が備わるためには、自己充足型のシステムが必要で、ゼロサムゲームが成り立たなければならない。ところが、プロセスが持続的に機能してきた証拠は九億年前までは確認されているが、それよりも以前となると証拠は曖昧で、信憑性を巡って盛んに議論が交わされている。実際、グリーンランドの岩石は、九億年よりもずっと大昔に形成された。したがって、観察対象の岩石をどのように解釈すべきか、形成されるまでにはどんな原動力が働いたのか、確信できないのである。

今回私たちが調査する岩石は、まだ実態が明らかではない時代に創造された。生命はか弱い存在ではあるが、地球上で最も強力な化学的因子として作用し続けてきた。地球の大気は生命活動に伴う呼吸が作り出したもので、海洋や河川の形成は生命の代謝活動によってもたらされた。大陸でさえ、生命の産物である。三八億年以上前、植物の光合成によって生成された大量の化合物がマントルの内部へ沈み込み、それが地球深部からのマントル成分の上昇を促し、その結果、私たちの活動の場である陸塊が創造されたのだ。*では、プレートテクトニクスはこの時代に始まったのだろうか。それとも、プレートテクトニクスはもう少しあとの現象で、当時は私たちの知らない何か激しい活動が進行していたのだろうか。私たちがこれから集めて研究する岩石には、この疑問への回答が残されている。

*M. Rosing, et al. 2006. The rise of continents—an essay on the geologic consequences of photosynthesis. *Palaeogeography, Palaeoclimatology, Palaeoecology*. 232 : 99-113.

私たちは、グリーンランドの氷床の先端から西に一〇〇マイル（一六〇キロメートル）にわたって広がる荒野のはずれで調査を行なった。ここはまだほとんど知られていない場所だ。本来これは学術調査だが、最果ての地は現実離れした環境で、そこでの体験は神秘的とも言える。世界最大規模の人跡未踏の荒野で、私たちは何週間にもわたって野営した。人間社会から孤立した場所には、自分たち以外には誰も人間がいない。そんな孤独を素直に受け入れ、これまで人間がほとんど足を踏み入れなかった世界をあちこち歩き回り、ゴムボートで移動したのである。ここには地球の歴史のほぼすべてが刻まれているような、理解がおよばないほど古い岩盤が残されている。私たちはサンプルを集めて写真を撮影し、測量を行なった。周囲の自然は過酷で容赦ないが、それでも美しさは格別で、しかも世界は常にダイナミックに進化し続けていることがわかる。

露頭から露頭へと歩き回り、ゴムボートで移動を続け、荒野の大自然の過酷な環境に浸りきっているうちに、毎日の生活のなかで素直に謙虚さが身に付いた。時間の観念は、どこかに消えて認識不可能になった。氷、幻想的なフィヨルド、深い峡谷、ツンドラ。こんなにも圧倒的な存在がどのように創造されたのか、まったく理解に苦しむが、そんな経験が何度も繰り返される。この世の存在には神秘的な本質が備わっていることを、この地を訪れてはじめて実感できた。ここではあらゆるものが、自らの本質を外に向かって表現している。都会の生活では先入観を吹き込まれ、その影響で偏った期待を抱かされるが、荒野の景観を構成する岩盤は純粋無垢な状態のままだ。都会での期待は、完全に裏切られる。これほど純粋無垢な美しさからこれまで自分は引き離され、存在すら知らなかったのかと思うと、大きな衝撃に打ちのめされた。

私もいままでは、荒野は単なる場所ではなく、物語を語ってくれることを理解している。手つかずの土地からはインスピレーションが提供され、数々の謎によって想像力が育まれる。ここまで深く関わり合える場所は、他には考えられない。奥深い豊かさも、構造の複雑さも、日常的な経験の範囲を超えている。実は荒野とは、私たちが魂として認識するものの原風景である。だから、荒野は一種のふるさととして受け入れられるべきだ。そして私にとって、グリーンランドはその教訓がまさに当てはまる場所だった。皮肉なことに、荒野で測定や客観的な観察に没頭した日々を通じて、荒野に込められている感情的な真実が明らかになったのである。

「wilderness」(荒野)という単語は、古英語の「wildēornes」に由来する。* この単語は、「野生動物しか住めない場所」を意味する。つまり、人間の生存には本質的に困難が伴うことを暗示している。定住するのも、農業を営むのも、家族を養うのも、友人と宵のひとときを楽しむのも容易ではない。動物しか暮らさない自然環境はフロンティアであり、人間がさまよい歩くことはできても、定住の試みは失敗する。荒野は人間を歓迎しない。むしろ人間は捕食される可能性がある。

＊古英語は一般には九〇〇年ちかく話されていないので、この単語の発音は明らかではない。それでも、現代の英語をネイティブとする人が聞けば、認識可能だろうと一部では信じられている。

かつて荒野はどこにでもあった。誕生と同時に各地を放浪し始めた人類は、周囲を荒野に囲まれているのが普通だった。荒野を意味する言葉を持たない言語が多いのは、身近な存在だったからで、わざわざ名付ける必要もなかった。しかしもはや、人類は放浪者ではない。この一〇〇〇年間というもの、人類が荒野という言葉を使い始めたのは、身のまわりから消えてしまったからだ。私たち人類は、地球の表面を巨大な津波のように覆いつくした。人口をどんどん増やし、世界で存在感を強めた結果、人跡未踏の荒野を経験できる可能性はごく限られてしまった。今後三五年間で、地球の人口は七〇億超から一〇〇億以上に増加する見込みだ。そうなれば荒野はなすすべもなく後退し、それと共に私たちが人類の真の起源を知る唯一の機会も失われてしまう。荒野がまだ手がかりを提供してくれるうちに早く接触しなければ、人類を寄せ付けない世界は消滅してしまう。それには疑いの余地がないのに、残念ながらほとんどの人が気づかない。私は今回、この現実について証言したい。というのも、失われた荒野の残骸を図らずも目撃したからだ。

ある晩、カイが料理を作り、ジョンがメモを整理しているあいだ、私は小さなキャンプの北の海岸を歩きながら、一日を振り返るための静かな場所を探し求めた。低い尾根を越えると、小さな入り江がいきなり目の前に現れた。山道を下ってたどり着いた狭い浜辺には、ごく小さなさざ波がゆっくりと打ち寄せている。沖で発生した小さな波は、岸に近づくにつれて細かくなり、それが皮膜で覆われたぬかるみの上を移動していく。はるか沖のフィヨルドには氷山が浮かんでいる。そして、雲の隙間から差し込む灰色がかったピンク色の光は、浅瀬の表面に反射している。ここではどんなドラマが展開されているのだろうか。私は想像力を働かせ、何百ものボルダー［訳注／巨礫と呼ばれ、風雨などの作用で丸くなった直径二五六ミリメートル以上の大石を指す］が作り出す黒い影には、どんな生き物が隠されているのか詳しく観察した。直径が数十インチから数フィートまで、様々な大きさのボルダーが、入り江でむき出しになった海底のあちこちに転がっている。ずいぶん長いあいだ、私は豊かな自然が創造した壮大な風景を静かに味わった。ところが次第に、違和感が至福のひと時を乱し始めた。私が眺めているもののなかには、何か場違いなものが存在しているようだ。そこでボルダーをよく観察すると、そのひとつに何と、小さなツンドラを発見した。ボルダーのてっぺんに、慎重にバランスをとりながらハンモックのように貼りついている。ツンドラは厚さ数フィートの小さな地層で、表面は平たく、そこには背の高い草が生えていて、まるで誰かが故意に草を植えたようにも見える。これはどういうことなのか理解しようと努めているうちに、私はある事実に気づいた。一定の大きさ以上のボルダーにはどれも、そっくり同じ小さなツンドラの地層が貼りついているのだ。しかも平らな表面を覆うツンドラの高さは、どれもまったく同じだった。

実は草はどれも、つい最近まで入り江と境界を接するツンドラの名残だった。海面が上昇した結果、かろうじて生育していた植物は浸食された。つい最近までツンドラは、入り江の端まで広がっていたが、海面が上昇した結果、植物の痕跡はかき消され、陸と海の境界が消滅してしまった。いまや水際は抵抗するすべもなく後退しながら、私たちが無意識に形作っている未来へと向かっている。

気候変動の猛威に荒野の大自然が対応しながら消滅したあとには、構造や形状の記憶と痕跡だけが残される。荒野の残骸はあるときは沈黙し、あるときは叫び声をあげながら、匂いや味をかすかにとどめている。このままでは、広い宇宙のなかで心にどんな意味があるのか理解しようとしても、判断基準となる唯一の存在が失われてしまう。

グリーンランド西部の荒野でジョンやカイと共に毎日を過ごしているうちに、都会の喧騒は記憶の彼方へと消え去り、自我は大自然の景観のなかに溶け込んだ。魂の内と外を隔てる境界は消滅した。自分たちはいったい何者で、何をしているのかという疑問は、地球の進化に関する疑問の一部になった。私たち科学者は研究や分析を行なうためにこの地にやって来たが、現地での鮮烈な経験の前では、本来の目的は心の奥深くにしまい込まれた。

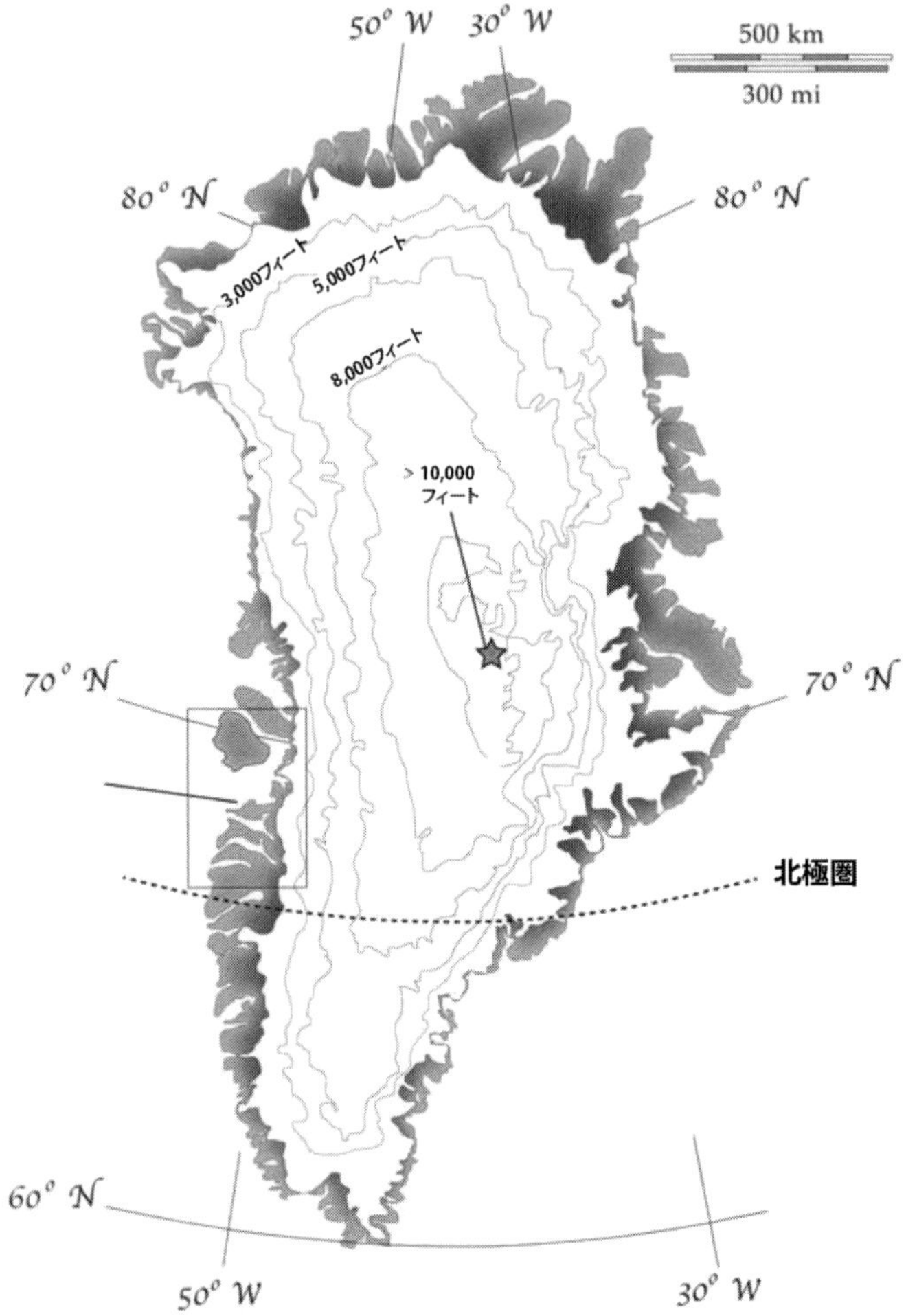

グリーンランド。氷の厚さと陸地部分（ダークグレー）
四角で囲まれた地域で、私たちの調査は行なわれた。

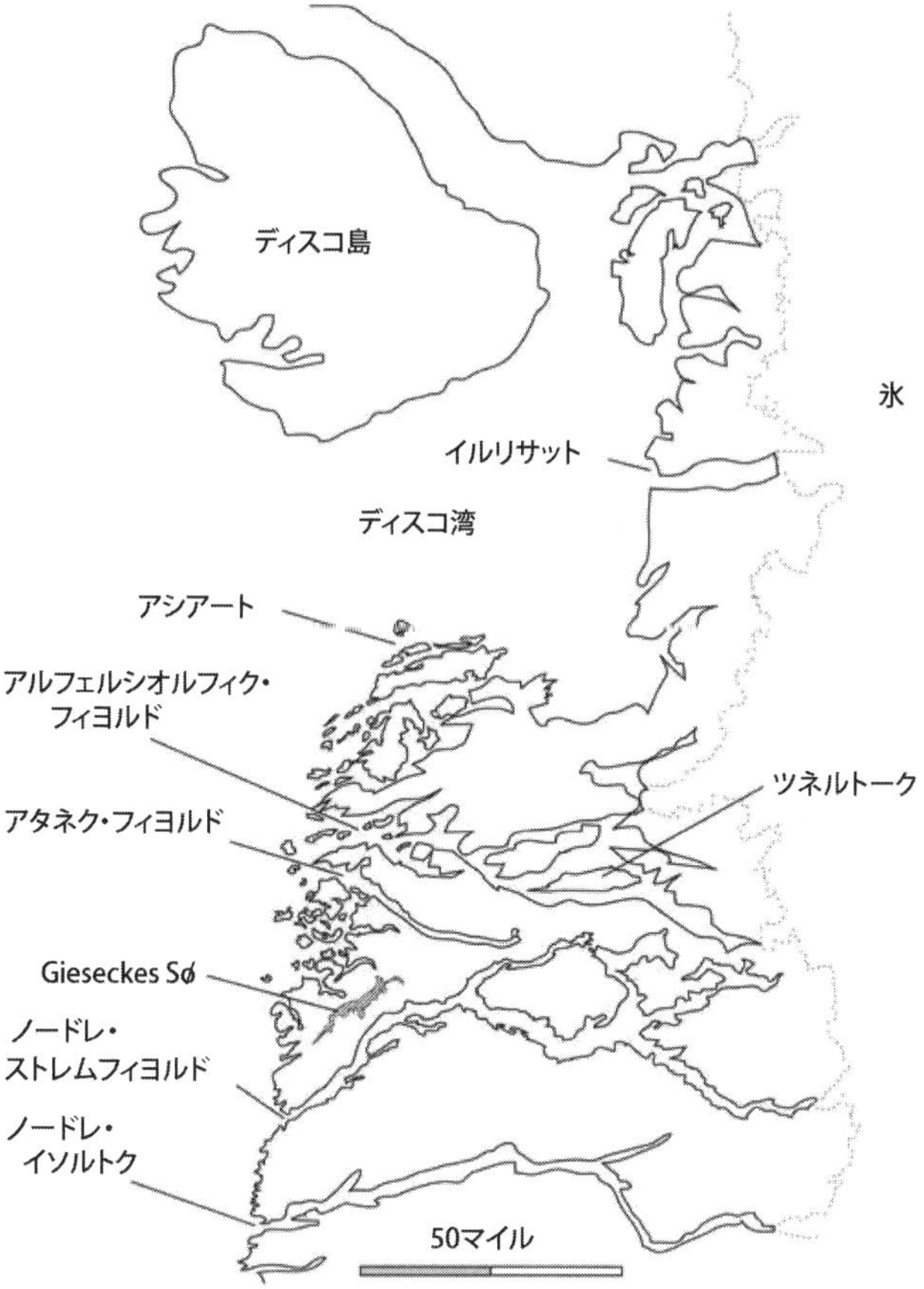

調査をした領域。破線は、内陸部の氷床氷縁部。

序章――人間として科学者として大自然の中で理解できること、できないこと

地球上でも稀に見るほど広大な荒野が続くグリーンランドは、大部分が氷に覆われている。そして氷に閉ざされていない地域の景観は、場所ではなく、経験として心のなかにとどめられる。本物にせよ架空にせよ、あるいは名前のあるなしにかかわらず、ここには場所を区切る境界が存在せず、すべてがまるごと素晴らしい機会として受け止められる。純粋無垢な荒野を目の当たりにすると、感覚は鋭く研ぎ澄まされる。しかも、グリーンランドの地表には豊かな歴史が刻まれている。だからそこに足を踏み入れるだけで、現実が鮮明に見えたような気分を味わう。

ここでグリーンランドについて簡単に紹介し、客観的な情報を確認しておきたい。島の大部分が氷床に覆われたグリーンランドを北米大陸の西部に移動してみると、アメリカ合衆国の北の境界から南の境界にまで広がり、サンフランシスコからデンバーのあたりまで達する。全体の八〇パーセント以上は、北半球で唯一の氷床の下に覆い隠されている。いちばん大きな氷は厚さが一万二〇〇〇フィート（三・六キロメートル）にも達し、全世界の淡水の一〇パーセント以上が含まれる。氷冠の頂上までは、海面から一万フィート（三キロメートル）以上の高さがある。

グリーンランドは大半が北極圏に位置している。地球上で最後に人間が定住した場所で、それはお

よそ四五〇〇年前のことだ。いまでも世界で最も人口の少ない地域として突出しており、世界銀行のデータベースでは一平方キロメートル当たりの人口がゼロと記載される唯一の国だ（このデータベースでは、すべての統計が整数で記される）。ちなみにアメリカ合衆国は同三五人、イギリスは同二六五人である。全人口は六万人未満で、その大半はイヌイットの文化圏に所属する。最大の都市ヌークでも人口は一万六五〇〇人。町、村、コミュニティ、集落の数は、島全体で七八にすぎず、住民が五〇人に満たないところも多い。そしてイヌイットは、自分たちの国をカラーリットヌナートと呼ぶ。

グリーンランドの文化を伝統的に支えるのは漁業と狩猟で、何百年も途切れることなく実践されてきた。主要産物はアザラシとトナカイで、栄養源になるだけでなく、衣服の材料として、さらには限定的な商取引を支える商品として重宝されてきた。イヌイット先住民の美術品、写真、文学、神話からは、彼らの故郷やしきたりの全体像がそれとなく伝わってくる。しかし何らかの貿易に関わっていないかぎり、先住民以外で現地を訪れる人や、変化が進行する様子を実際に観察できる人はほとんどいない。

経済と倫理観と荒野が複雑に絡み合っている状況に遠方の国が干渉して重大な決断を下せば、グリーンランドのような最果ての地にまで波及効果はおよぶ。一九八三年、カナダで子アザラシが商業目的で残酷に殺される場面が注目されると、欧州経済共同体がアザラシの毛皮の取引の禁止に踏み切り、二〇〇九年には欧州連合がアザラシ関連製品の取引を禁じた。その影響は遠くまでおよび、なかには予期せぬ結果も生じた。毛皮などアザラシ関連製品の売買を禁じられて貴重な収入源が失われると、グリーンランドのイヌイットの狩猟文化は壊滅的な被害を受けたのだ。アザラシ市場が消滅するとアザラシ猟は衰退し、その結果としてアザラシの生息数は爆発的に増加する。さらに魚を捕食する動物の数が激的に増加すると、今度は魚の生息数が減少し、自給自足の生活様式にも乱れが生じた。最近ではようやく全面的な禁止が緩和され、イヌイット文化圏では最低限のアザラシ猟が許されるようになったが、収入は激減している。今日ではグリーンランド経済のおよそ六〇パーセントが、デンマーク本土［訳注／グリーンランドはデンマークの自治領］から毎年提供される包括的補助金によって支えられている。現在、グリーンランドは持続可能な国への復権を目指して奮闘している。しかし、急速に進行する気候変動によって状況は複雑さを増し、課題の克服は並大抵ではない。

本書では、私が五回にわたって行なったグリーンランド遠征の経験について語る。ストーリーは三部構成で、私の認識の変化につながった一連の原体験がそれぞれに含まれる。第一章の「再発見」は、期待の裏切りについて取り上げ、知っていたはずの場所について自分がいかに無知だったか思い知らされた経験を紹介する。第二章の「統合」は、現実との妥協のプロセスを取り上げる。生物的・物理的進化の所産である私が無知なのは、人間として仕方のないことだった。そして第三章の「発現」は、私たちが世界でどんな位置を占めているのか、突然にひらめいたささやかな経験を紹介する。結局のところ私たちは、世界について理解できることもあれば、理解できないこともある。

　私たち人間はこの世界に居場所があるのだから、世界に責任を持つべきだと考えるかもしれないが、実際のところ人間はかならずしも重要な存在ではない。進化は人間におかまいなく継続するもので、そこから創造される自然の圧倒的な美しさを目の当たりにすると、厳しい現実を思い知らされる。たしかに私たち人間も、進化の行方に影響をおよぼすときがある。それでも、たとえば人類が引き起こした気候変動に直面した荒野は、自分で対応策を工夫しながら再建に取り組む。

　本書は時系列で進行しない。個人的な認識の変化につながった経験は様々な形で蓄積されたもので、その多くは当初は理解されなかった。そもそも新しい視点とは少しずつ徐々に獲得されるもので、ピースをすべてはめ込んだとき、はじめて全体像が浮かび上がってくる。それはちょうど、新たな洞察や認識が得られるたび、時間を超越したタペストリーの隙間にそれを埋め込んでいくようなもので、作業は決して完成することがない。

　荒野は率直に語りかけてくる。私たちは信念を抱き、あれこれ想像しながら、荒野のスペースに分け入り、反響を受け取るが、いずれも従来の認識の範囲内には収まらない。手つかずの荒野は、壮大な宇宙のなかで私たちが置かれた立場について教えてくれる。だから荒野に備わった価値を読者の方々が認識し、荒野の自然を守りたいと願ってくれることを期待して、私は本書を執筆した。もしも荒野が失われれば、個人としても生物種としても、私たち人類のルーツを発見するのはほとんど不可能になってしまう。

第1章

再発見

美そのものは、造物主の知覚的なイメージにすぎない。

ジョージ・バンクロフト

私たちには表面しか見えない。経験として認識されるものは、光の反射から生まれる。現在まで進行してきた出来事の成果が、一瞬にして目で見える形になったものだ。そしてこの限られた印象から、質感や形状、重みや温かさを体験することを私たちは生命から教えられた。

では、宇宙の外被の下に静かに横たわり、私たちが感じる事柄を構成しているのは、いったいどんな存在なのだろう。太陽はなぜ昇るのか、冬はなぜ訪れるのか、私たちはなぜ死ななければならないのか。これらを理解するため、私たちは星々にまで手を伸ばす。しかし答えや洞察が得られても、あとにはかならず深い疑問が残る。根底には複雑な謎の数々が残され、かえって想像力が掻き立てられる。そして結局は断片的な回答から、世界の成り立ちに関する多くの知識が構築される。私たちひとりひとりが作り上げるユニークな骨組みは、個人の生命を背後から支えるコンテクストとなり、それを土台にして意味の概念は創造される。

このプロセスを通じて私たちは、生命の力は止められないことを認識するようになる。進化が無限に継続し、時が流れたすえ、最終的に星屑から心が出現したのだ。ただし、これは驚愕の真実かもしれないが、宇宙の視点に立てば、人類の誕生など些細な出来事にすぎない。宇宙は一四〇億年ちかく前に何らかの原因で誕生してから、流れる川のように進化し続け、その勢いは未だに衰えない。エントロピーは増大する一方であり、そのなかで人類の存在など小さな点のようなものだ。私たちは星々が何を語っているのか想像して心を奪われるが、その物語のアウトラインを未だに理解できない。だから地表をあちこち歩き回り、岩に隠された歴史を探し求める。岩のなかにキラリと光る洞察を見つけ、それをきっかけにして、大切な事柄が明らかになることを期待しながら。

このささやかな航海では、あるひとつのことが私たちに強く印象づけた。遠隔の地では、素晴らしい世界は呆気なく消滅する。ここには戦争や不安定な経済の脅威がないし、猛威を振るって悪影響をおよぼすわけでもない。私たちは非常に重要な物事を残して旅立ったが、いまや重要だとは思えない。どれも強い感染力を持っているはずだが、ここにはウィルスは存在しない。静寂な環境が、抗体さながらウィルスを食い尽くしたのだろう。行動のペースは一気に減速した。俗世界では何十万もの小さな反応を繰り返すが、ここではそんな機会は数えるほどしかない。

ジョン・スタインベック

沈黙――ベースキャンプから白夜にさまよい出る

私たちは、デンマーク・グリーンランド地質調査所（ＧＥＵＳ）がチャーターしてくれたトロール漁船で、現地まで運んでもらった。漁船は船体が淡いブルーで、風雨にさらされる操舵室にはニスが塗られ、ふたり以上はなかに入れない。傷んだ木のデッキには、バックパック、梱包用の木枠、テント、生鮮食品を詰めた複数の袋など、ささやかな遠征を維持するための装備が積み重ねられている。ジョンとカイと私は、グリーンランド西部にあるディスコ湾の南端に位置するアシアートから船に乗った。アシアートはグリーンランド最大の町のひとつだが、それでも人口はかろうじて三一〇〇人を超える程度だ。夏の午後にすべての街路やすべての住宅を徒歩で巡っても、数時間で終わってしまう。

船長のピーターが目を光らせるなか、私たちは半時間かけて荷物をトロール船に積み込んだ。装備をまとめて目録を作成し、氷山が点在する海への出発に備えた。船旅は何時間もかかるので、私たちは小さな船員部屋で交代で睡眠をとった。ここには二台の寝台が隔壁にしっかりとボルトで固定されている。厚さ三インチ（七・五センチメートル）のオークの板を通して、海の音がザブンザブンと聞こえてくる。私は三〇分間睡眠をとったあとデッキに戻り、まわりの景色を観察した。

空気はひんやりと冷たく、雲に覆われた空の下の水はまるでガラスのようだ。時折クジラが遠くで水面から飛び上がり、小魚の群れを食べている。船は岩礁をつぎつぎ通り過ぎていくが、そのいくつかでエスキモー犬の群れを見かけた。夏のあいだ飼い主から置き去りにされたのだ。本来はそりを引くのが仕事の犬たちは、ほとんど野生化している。

塗装が剝げかかったレールにもたれて美しい景色をうっとり眺めているあいだ、背後では二ストロークディーゼルのエンジンがダダダと音を立て続けている。私はフィールドシャツの上にセーターとフリースのジャケットを着こみ、毛糸のスカルキャップで耳を覆って体を完全防備したうえで、氷点下四〇度の極寒に備えた。

島々を通り過ぎていくと、あとに残してきた世界に思いがけず後ろ髪を引かれる。私は今回の遠征を何カ月も待ち望んでいた。ほとんど人跡未踏の土地を古くからの友人たちと一緒に訪れ、毎日のように何か新しい発見があると思うと、胸は期待で膨らんだ。ところが、いざ出発すると意外にも、そんな高揚感を打ち消すほど深い悲しみに圧倒された。これから何カ月間も、妻と娘には会えないし、声を聞くこともできない。家族との生活に伴う喜びの数々は消えてしまった。にぎやかに食事を作り、映画を鑑賞し、新聞を読み、パーティーで友人たちと笑い、ニーナをスクールバスまで送り届けるといったささやかな幸せは、当たり前のように感じられていたが、ここではすべてなくなってしまう。

一等航海士がやって来て、私の思考は中断された。彼は私の隣でレールに寄りかかった。砂色の髪はもつれ、風雨にさらされた顔のなかの目はキラキラ輝いている。平べったい鼻には、何らかの歴史が感じられる。完璧な英語を話すが、独特のアクセントが意外だった。

「ところで、あんたたちはここで何をするつもりなの」と彼は訊ねた。外は寒いのに、半袖Tシャツにジーンズという軽装だ。

「僕たちは地質学者なんだ」と、少なくとも外見はすぐに落ち着きを取り戻して答えた。「ここで岩の研究をするのさ」

彼は一瞬考えてから、今度はこう尋ねた。「そうか。金でも探すの？」

「違う。岩の歴史に興味があるんだ」

彼はふーんとうなずいて、口をすぼめた。

それから「なにが面白いの」と無関心な様子で訊ねる。そう訊ねながらも、私を見るわけではない。ゆっくりと過ぎ去る景色に目を据えたままだ。

そこで私は、二〇億年ちかく前、ここにはヒマラヤやアルプスにも匹敵する規模の山系が存在した何らかの証拠があると言われていることを説明した。実際に山系が大昔に存在していたとすれば、その直下にあった岩石には、いまでも謎めいたヒントだけは残されているはずだ。気の遠くなるような時間が経過して浸食が進んだ結果、地下にあった岩石が地表に露出していれば、そこを観察して仮説の正しさを確認できる。

「ここに大きな山があったって？　すごいなあ……嘘みたいだよ」と一等航海士は、うねる海の風景を私と一緒に眺めながら感想を述べた。たしかに、かつてここにK2やアイガーやエベレストのような山がそびえていたと思えるヒントはどこにも見当たらない。

「どこの出身なの」と私は訊ねた。彼の外見はイギリス人で、言葉にはイギリス英語のアクセントが混じっているので、現地で生まれ育っていないことは明らかだった。

「シドニーだよ。五年前、彼女と一緒にここに来たんだ。観光旅行だったけど、あまりにも美しかったから、そのまま居ついたのさ。ピーターとは何度か偶然に会う機会があってね、いい人だと思った。スウェーデン人で、ここに来て二五年になる。二月には里帰りしなくちゃならないけど、かならず戻ってくるよ。他の場所に住める人間じゃないもの。彼女と僕がここに来て一年目、ピーターが里帰りしているあいだ、ふたりで自宅の管理を任された。帰国すると船に乗らないかと誘ってくれたから、引き受けたんだよ」

彼はしばらく海を眺めてから、笑いながら「オーストラリアには戻れない。暑すぎるもの」と言って、つぎに真面目な表情でこう続けた。

「僕はここの生活が大好きなんだ。自由で開放的だろう。他の場所は人が多すぎる……ここではみんなが助け合っている。そして、自然の素晴らしさを理解している」。それから水平線に向かって手を振りながら付け加えた。「ここは静かで心が安らぐ。こんなに空っぽで広々とした場所は、他ではお目にかかれない……もうこれを捨てるなんてできない。彼女も同じさ。いまではここが僕の故郷だ」

私は海の景色を眺めながら、彼はこれを見ながら何を感じているのだろうと考えた。私はサンフランシスコのベイエリアの界隈が大好きだ。街路にもカフェにも、小さなショップにも愛着がある。でも、この場所に対する彼の強烈なこだわりに比べれば、私の愛着心など色あせてしまう。

しばらく沈黙が続いたあと、彼はレールにもたれていた体を起こしてこう言った。「そろそろ戻らなきゃ。雇われているのにぶらぶらしていたら、ピーターが嫌がるからね。じゃあ元気で。目当てのものが見つかることを祈るよ」。そして私と握手をして立ち去った。

この瞬間にこぎつけるまでの旅程は長く、何年もの歳月を要して地球を半周した。私は三〇年ちかく前、ノルウェーのオスロでカイ・ソーレンセンと出会った。彼はデンマーク出身で、愛情と友情が絡んだ複雑な状況から逃れてきたが、その一方、地質学の研究で科学者としてのキャリアを追求したいとも考えていた。そして、後に私の精神的な避難所となる研究所にやって来ると、静かな環境で研究を続けて人生を立て直すことができた。

カイと同様、私も変化を模索していた。ちょうど離婚を経験して新しい関係を始め、博士号を取得したところだった。だから、ノルウェーで新たな方向から研究を進められるチャンスに飛び付き、一からやり直す決意に燃えた。オスロには誰も知り合いがいないから、禁欲的なライフスタイルを乱されない。ようやく理解し始めた科学に静かな世界で没頭すれば、感情に翻弄された厄介な過去から逃れることもできる。カイと私はどちらも感情や文化のはかなさに敏感で、何度も真剣に話し合った。同じアパートに住み、友情を深めた。やがて、そんなふたりに仲間がもうひとり加わった。それはジュリアン・ピアースで、彼の人生行路も私たちと多くの点で似通っている。こうして三人の外国人が友人として集まり、家族のような不思議な絆で結ばれた。毎朝、私たちは研究所までバスで出かけ、三階の地質学者専用テーブルで昼食をとり、夕方アパートに戻ると、交代で夕食を作った。夜はハーツ（トランプゲーム）を楽しんだが、負けるのはほぼ常に私だった。それからカイのステレオで「キャバレー」や「ジーザスクライスト・スーパースター」の歌を聴き、コーヒーにリニア・アクアヴィットを一、二滴たらして味わった。こうしてかりそめの環境で、私たちは心の平穏を取り戻したのである。

研究の方向性を変えたくなったのは、地質学を学び始めた頃には予想もしなかった情熱が湧き上がり、抑えきれなくなったからだ。私が学位論文のテーマに選んだのは、ワシントン州オリンピック半島の六〇〇〇万年という比較的短期間の地質史だった。そして最初の数年間で早くも、地球の進化の人知を超えた迫力と美しさを徐々に認識し始めた。地表を支える岩盤には、地球の大きな変化が克明に刻まれている。想像を絶するほどゆっくりと、でも決して途絶えることなく進行してきた変化には圧倒されるばかりだった。ならばいっそ、まだ誰も見たことも発見したこともない、ずっと大昔の歴史を経験する興奮を味わいたい。そんな思いは募るばかりだった。そんなとき幸運にも、ノルウェーの研究所から声がかかった。受け入れれば、学位論文での研究では考えられなかったほど奥深い問題に取り組む機会が提供される。実際オスロの研究所での仕事は、根本的な問題に対処する絶好のチャンスだった。たとえば、地表から何十マイルも深くに埋没しているとき、特定のタイプの岩石は他の岩石とどのような化学反応を起こすのだろうか。これは学問的に難解な問題で、世界各地に散らばる一握りの研究者を除けば、まず興味を持つ人はいない。でもほとんど意味がないとしても、少なくとも私には、地球全体が関わる問題の解明にじっくり取り組む機会が与えられる。

こうして研究を続けているあいだにカイからは、グリーンランド西部で取り組んでいる調査について話を聞かされ、すっかり魅了された。この地域の岩石は非常に古く、複雑な歴史が刻み込まれている。調査が行なわれているのはグリーンランドの氷床のはずれで、私はまだ何も知らない場所に俄然興味をそそられた。カイによれば、二〇億年以上前の岩石には不思議な模様が残されており、それは何か重大な出来事の痕跡かもしれない。今日のヒマラヤやアルプスの山脈の地表近くで発生している出来事と似通っているはずだという。グリーンランドで大昔に何かが発生した場所は、おそらく地下数マイルにも達する深部なので、その痕跡を研究すれば、険しい岩峰群のはるか下で今日何が進行しているのか、突き止める手がかりが得られるかもしれない。ただし、ここではプレートテクトニクスの理論が当てはまらない。岩石はあまりにも年代が古すぎ、プレート運動が存在していた手がかりはほとんど確認できないので、根拠のない仮説を立てるしかなかった。

カイの専門分野は構造地質学なので、岩石が積み重なった層の形状やパターンや方向に注目する。そして同僚との研究のすえ、この地域の構造は複雑で、大昔に大陸が文字通り砕けたという結論に達した。山脈が形成されてからほどなく、一方がもう一方の下に何十マイル、あるいは何百マイルにもわたって沈み込んだのではないかと考えた。その証拠に、この地域の地層は大きく変形している。

私の研究分野は、カイたちによる構造の研究を補足できる。岩石が大きく変形するあいだに経験する温度や圧力について、詳しい知識を提供することが可能だ。変成過程が専門で、岩石の鉱物組成に注目しながら、かつて岩石がどれだけの高温を経験したのか、どのような道筋で地中深くに潜ってから再び地上に現れたのか解読していく。研究室で顕微鏡やX線分光計や電子線を使いながら、岩石が膨大な時間をかけて地中深くに潜ってから地表に上昇するまでの行程を徐々に解明するのだ。そしてアメリカに帰る直前、現地で集めた岩石を分析させてほしいとカイに頼んだ。これをきっかけに、いつか私も現地を訪れるようになれば、願ったりかなったりだ。

そして最後に、ジョン・コーストガールと友人になった。彼はカイの同僚で、やはり専門は構造地質学だが、地球化学と鉱物学の経験が豊富だ。こうして三人の素晴らしいチームが出来上がったのである。

数年後、私たちはグリーンランド遠征のための資金を確保して、現地で共同作業を楽しんだ。以後一〇年近くにわたり、私たちは共通の事柄に関心を抱き、何本かの共同論文を執筆し、会議では共同で研究発表を行なった。しかし次第に、三人は別々のテーマに注目し始め、キャリアパスも人生の選択も分かれていった。そして一九九〇年代末には、連絡を取り合う機会もめっきり少なくなり、グリーンランド遠征はなつかしい思い出になった。

ところが二〇〇〇年、カイから思いがけず連絡があって、新しい遠征計画について聞かされた。当時彼はデンマーク・グリーンランド地質調査所に関わっていたが、ここはグリーンランド西部での研究活動を支援する組織だ。そして、これからジョンと一緒にグリーンランド西部で新しい研究を始めるので、私も合流しないかと声をかけてくれた。これは、かつての研究では手を伸ばせなかった範囲まで研究を拡大するチャンスだ。以前は予算と時間の制約から、途中で断念していた。さらにカイは、地層の大きな変形部分に関する自分たちの解釈が、いまになって論争を引き起こしている点にも触れた。この論争に決着をつけることも、今回の研究の目的の一部だったのである。

当時の私はグリーンランドの研究に直接関わっていなかったが、純粋に個人的な興味から、グリーンランドに関する研究成果が発表されればフォローしていた。なかには、私がカイやジョンたちから学んだ歴史的解釈と食い違う内容の論文もちらほらあったが、特に注目しなかった。こうした論文は単に議論に欠かせない代替案を提供しているだけで、研究者のあいだで真剣には受け止められないだろうと考えたのだ。背後に根深い個人的な対立が隠されているとは、思いもよらなかった。

私はグリーンランドを再び訪れ、ジョンやカイと経験した素晴らしい時間を再現したいという熱い思いを抑えきれず、遠征に参加するチャンスに飛び付いた。しかも、前回の研究では答えの出なかった疑問が残されており、その記憶が長年にわたって心にひっそりとどまり続けていたのである。

船のレールにもたれ、つぎつぎと過ぎ行く岩礁を眺めていると、およそ一五年ぶりにこの地を訪れ、新たな旅の一歩をようやく踏み出せたことに感無量だった。


ベースキャンプの予定地に到着すると、船長はトロール船を入り江に引き込んだ。私たちは小さなスキフ［訳注／小型モーターボート］を使って荷物を降ろし始めた。何回か往復した後、三〇分以内にはすべての必需品が浜辺の小さな断崖のふもとにまとめられた。作業が完了すると、私たちは航海士や船長と握手をして別れを告げた。

私たちの野営地は、アルフェルシオルフィク・フィヨルドの北海岸沿いの細くてゴツゴツしたベンチ［訳注／しばしば小規模な高まりを伴う棚状の地形］に設置された。内陸の万年氷原から一〇マイル（一六キロメートル）西の地点にあり、最も近いイヌイットの定住地から六〇マイル離れている。北極圏のはるか北で、季節によっては太陽が何週間も沈まない。

夜風はひんやりと冷たい。私はパーカーのフードをかぶり、両手をポケットに突っ込んで、小さな絶壁をベンチまで登り、トロール船が出発する様子を眺めた。青い船はここを離れ、文明の世界へと戻っていく。そう思うと、ほろ苦いもの悲しさがこみ上げてきた。私たちを現代の世界と具体的に結びつける最後の存在がこの船だった。しかしいまプロペラで海水を攪拌させながら、最後のつながりが消えようとしている。

私たちは、延々と続く起伏に富んだ露頭、ツンドラの平原や窪み、巨大な岸壁や氷結した頂に囲まれている。ちょうどヨセミテ渓谷が氾濫したような景色で、ドラマチックかつ厳粛で美しい。礫浜に小さな波が打ち寄せ、リズミカルなＢＧＭを奏でている。

この平穏は以前にも経験したもので、それが漠然と記憶に残り、早く戻りたいという願望が長年のうちに膨れ上がったが、ようやくそれが実現した。透明なフィヨルドの水は身を切るように冷たい。波がリズミカルに打ち寄せる海岸には粘々した藻類が繁殖し、足元が滑りやすい。自然の世界は美しいけれども、思いやりが欠如している。夕方に黒い雲が空を覆うように、深い孤独がこの土地を包み込んでいる。

私は絶壁を歩いて下り、必需品を積み下ろした荒磯に戻り、ジョンとカイに合流した。ちょうどふたりは、食料を詰めた箱、緊急無線、テント、寝袋、バックパック、ハンマー、試料採取バッグ、ノートを運んでいるところだった。どれも四週間におよぶ探検には、最低限必要なものばかりだ。ジョンとカイは独特のやり方で、どの必需品をどこにどのようにまとめるべきか計画していた。こうして野生の場所のなかに、一定の秩序が導入されていった。

カイは料理上手だ。がっしりとして肉付きの良い体形からして、食通であることを物語っている。よく笑い、調理器具の隣に玉ねぎやジャガイモの袋を戦略的に配置したから、おいしいものが食べられるよと愉快そうに話す。食品を詰めた容器はすべて開封し、中身を素早く確認したうえで、コンロとの相対的な距離が決められた。私たちは三人とも料理を楽しむが、カイにとって、料理は生きるために欠かせない。そんな彼に全員の料理を作る特権を与えれば、みんながその恩恵にあずかることができる。

今回の調査は、海岸沿いの岩石に重点を置く。潮流できれいに洗われた表面には、岩石を構成するパターンや鉱物がむき出しになっており、それが研究の対象である。こうした調査にはゾディアックが欠かせない。ゾディアックとは船外エンジンを備えたゴムボートで、荒磯にも簡単に上陸することができる。私たちのなかではメカにいちばん詳しいジョンが、ゾディアックの「船長」の役目を躊躇なく引き受けた。黒かったあごの無精ひげには、すでに白いものが目立ち、顔には細いしわが寄り、いかにも船長にふさわしい風貌をしている。カイや私よりも背は高く、少々こわもてで、真面目な表情でおかしな話をする。顔は何となく、サイレントムービーのスターだったジョン・ギルバートを思わせる。そんなジョンは頼もしい存在だが、決して偉ぶらない。髪の毛がかなり後退した頭を隠すために青い野球帽をかぶり、赤いアノラックを着ている。カイの英語はデンマーク訛がキツイので、出身地がすぐにわかるが、ジョンが低い声で話す英語は長年カナダで暮らしてきた経歴を反映している。だから英語のアクセントで判断すると、彼がどの文化圏に所属するのか勘違いする。そんなふたりが行なっている荷物の整理に私は合流し、それぞれのボックスを配置する場所についてジョンから指示を受けた。

これからは、ツンドラに覆われた岩のベンチが私たちの住まいになる。ベンチは長さが四分の一マイル（四〇〇メートル）、幅が二〇〇フィート（六〇メートル）で、隣接する尾根は東西に走り、最後は氷の下に隠れる。すでに夕方で、北極の太陽は西の地平線に引き込まれながらも、空を厚く覆う雲と薄明りで冷え冷えとした世界の温かさを絶やさないため、最後の抵抗をしているようにも見える。

太陽が沈まないときの解放感はこたえられない。当初、体内時計は混乱し、眠れるだろうかという不安が神経を苛立たせたが、最終的には思いがけないほど気持ちが落ち着いた。もはや真っ暗闇に支配され、動きが制約されて視界が狭まることはない。いま何時か、今日は何日か確認する必要もない。時間の束縛から解放された生活は何と自由なのだろう。私たちは、午前二時に浜辺を散歩することにも慣れた。大きく膨らんだ雲の切れ間から太陽の光が漏れ、鏡のように滑らかなフィヨルドの表面に反射している。柔らかいツンドラでホッキョクギツネがこっそり歩き回りながら餌を探している姿が、深夜になっても薄明りのなかではっきり見える。こんな素晴らしい経験は病みつきになってしまう。

荷物を解き終わると、コーヒーブレークをとった。カイは平らな石の上にキャンプ用バーナーをセットして着火すると、その上に水を入れたポットを置いた。ポットのまわりでインスタントコーヒーを入れたマグカップを手に持ち、お湯が沸くのを待っているあいだ、いきなり訪れた変化に思いをはせた。僅か二四時間前には、世界有数の大都市のコペンハーゲンにいたのだ。そこの空港でジョンと合流し、グリーンランドへ向かう予定だった。ジョンと会う直前、私はカフェテラスでカプチーノを飲みながら、ニューハウンの波止場を行き交う観光客を眺めて楽しんだ。その数日前にはサンフランシスコから到着し、遠征用の備品の最終チェックに余念のないカイを手伝ったのである。ところがいまは、他の世界からすっかり孤立している。「正常な」一日が与えてくれるもののいっさいが取り除かれ、正常という言葉の意味が曖昧になってしまった。でも、これから発見の日々が始まり、未だかつて見たことのないものとの出会いが待っている。みんなのあらゆるコメント、あらゆる笑いに大きな期待が込められている。ようやくお湯が沸き、カイがみんなのカップに注いでくれると、インスタントコーヒーの香りが北極の空気をピリッと刺激した。

それでも、大きな期待感の下には緊張が隠れていた。

「戻ってきてよかった」。カイはフィヨルドを見渡してため息をつきながら、そう感想を述べた。彼は午後のひと仕事をすませ、顔を赤くはてらせている。一方ジョンは、数十年という歳月の経過に圧倒されたかのように、ぎこちない笑顔を浮かべながらカイと同じ方向を見つめている。私はうなずき、ただ「そうだね」と小さくつぶやいた。

五マイル（八キロメートル）ちかく離れたフィヨルドの向こう側には、灰色がかった緑色や赤みがかった茶色で覆われたツンドラが広がり、僅かに残る小さな氷原が白く輝いている。私たちはこの美しい氷原をうっとりと眺めながら、これからの計画やそこでの新たな発見について考えにふけった。最後にカイの発言が引き金となり、大昔のグリーンランドの歴史を巡る論争が話題にのぼった。彼は植物に覆われた地面に視線を落とし、ブーツで地面全体をゆっくりなでまわした。それから、この土地の歴史に関する新しい解釈について感情的に話し始めた。それは、研究者が二世代にわたって行なってきた研究の成果やフィールドでの観察結果と矛盾しているのだ、と。彼は先ず、新しい結論は現地での観察を一シーズンだけ行なって導き出されたもので、従来の研究のような徹底した現地調査が欠如している点を指摘した。そのうえで、明らかにおかしな仮説の矛盾を暴くためにも、特定の場所や特徴にじっくり注目し、新天地を開拓しなければならないと力説した。

どの論文について話しているのと、私は訊ねた。細かい地質的特徴について、若干の意見の食い違いがあることは私も知っている。でも結局、地質学は科学であり、論争を通じて中身は充実していく。だからムキになって非難するほどの論文は、具体的に思い浮かばなかった。

ここでジョンが、自分はその論文を持ってきたから、あとで見せてあげると言った。バリトンの声は深刻そうに聞こえたが、それでもすぐ笑顔を見せ、私たちの前で両手をひらひら振ると、こう言った。「とりあえずいまは、ここに戻ってきたことを喜ぶことにしようよ」

この場所の驚嘆すべき美しさや印象について少し感想を述べ合ったが、他愛のない冗談を言い合って静かにうなずく程度では、心で感じたことを共有するのはまず不可能だ。様々な感情が心の奥にしまい込まれている。休憩が終わると作業を再開し、それぞれが自分のテントを設営した。

移動と作業に三〇時間も費やしたあと、夜一一時にはみんな疲労困憊した。お休みと言ってそれぞれ自分のテントに向かい、寝袋に体を滑り込ませた。

私はすぐ眠りについたが、一時間もしないうちに目が覚めて、気が高ぶって眠れなくなった。そこで寝袋から出て、脱いであった服を身に着け、アウターをはおってブーツを履くと、テントの外にそっと抜け出した。それからテントのレインフライ［訳注／テントの雨よけカバー］の下に押し込んであった小さなバックパックを背負い、心を静めるため北側の尾根に向かって登り始めた。雲のベールに覆われた真夜中の太陽の薄暗い光の下で、色も境界もぼんやりと霞んでいるが、壮大な景色全体がぼやけたわけではなく、なおも圧倒的な存在感を放ち続けている。

北極のツンドラは、草とコケとスゲ、矮性植物と地衣類などの有機体が寄せ集められたユニークな世界だ。色も構造も単調なわびしい場所として描かれることが多いが、決してそうではない。ツンドラのバイオーム（生物群系）は、植物が自分勝手に勢いよく成長し、てんでんばらばらに進化を遂げ、成功や可能性に満ちあふれている。岩だらけの過酷な世界の端っこを、ふかふかのベルベットの絨毯で覆っている。

コケは、繁殖に適したスペースにこっそり侵入してくる。黒や白やオレンジの地衣類は、カールした縁の部分を成長させながら、花のように岩や枝を覆い隠している。毛羽立った花をつけた背の低いホッキョクヤナギは、快適そうな場所に根を下ろし、静かににらみを利かせている。高さは二フィート（六〇センチメートル）程度だが、ここではいちばん背が高い植物である。白、ピンク、紫、赤、黄色の花々はあちこちに咲き乱れ、緑色がかった灰色の世界に鮮やかな色の宝石をまき散らしたようだ。ワタスゲは、ゆらゆら揺れる八インチ（二〇センチメートル）の茎の上にふさふさした白いたてがみを乗せて、格調高い優雅な佇まいを見せている。

どの植物も、様々な先祖たちの残骸が分解して作られた土壌にしっかり根を下ろしている。寒帯に生息する植物が、何千世代もかけてつくってきた有機堆積物を覆い隠して一面に広がっている。窪みに身を寄せ合い、岩の上に広がり、小さな溜め池の水を吸い上げ、寒々とした世界にしっとりとした味わいを添えている。

このような場所では、時間は凍結している。自分が歩いている場所が二一世紀の景色なのか、それとも大昔の氷河時代の景色なのか区別がつかない。そして時間の感覚がなくなると、場所に伴う経験もあやふやになり、感覚が乱れて落ち着かない気分になる。私は、どこか別の世界に迷い込んだように感じられた。

最初の岩の露頭に到着する頃には、湿ってぬかるんだツンドラの地面に足を取られ続けたせいで、ブーツはビショビショに濡れ、疲れ果ててしまった。心臓は激しく鼓動を打ち、呼吸は荒い。そこで二一フィート（六・三メートル）の岩に寄りかかり、呼吸を整えて休息をとり、周囲の状況を観察するために感覚を研ぎ澄ませることにした。

岩壁にめずらしいところは何もない。再結晶化した灰色の片麻岩が何層にも積み重なって出来上がった平凡なもので、このあと数週間にわたって同じものをよく見かけた。群生する地衣類のあいだでむき出しの岩肌には、岩を構成する元素が露出している。私は拡大鏡を取り出し、拡大された岩肌を観察した。岩肌を覆う結晶はところどころ破壊されている。どれも何千年にもわたり、冬の氷や夏の雨に削り取られ、刻みつけられたものだ。完璧な形状の結晶面には劈開《へきかい》［訳注／鉱物や岩石が一定方向に割れやすい性質］が見られる。そのため、稜線を支える岩盤のなだらかな表面を細かいギザギザが覆いつくし、デコボコした地面は歩きづらい。

岸壁のてっぺんまでよじ登るのは数分間の軽い運動だったが、それでも犠牲を伴った。ちょっと登っただけなのに、たどり着いたときには指の先や手のひらや関節から出血していた。私はバックパックをおろしてグローブを取り出し、痛む手の上からはめた。

小さなベンチまで登って見上げると、野営地から見たときの尾根は頂上のように思えたが、実は本物の頂上の下方に連なる複数の肩［訳注／山頂からやや下った稜線上にある平らな場所］のひとつで、頂上はまだ数百フィートも上にあることがわかった。短い散歩のつもりで出かけたが、長い登山になりそうだ。私は大きく深呼吸すると、バックパックを背負って出発した。

あちこちに点在する池づたいに歩き続けた。タンニンで焦げ茶色に変色した水が染み出して出来上がったもので、光を反射して輝いている。なかには深緑色のコケにぐるりと囲まれた池もあり、水が僅かにチョロチョロと出入りし、さざ波もほとんど立たない。小さなものは池といっても、窪地に水が溜まった程度のもので、水面には植物が繁殖している。私は歩きながら、透明人間が静かに瞑想することだけを目的に作ったプライベートの庭園に侵入したように感じられ、気分が落ち着かなかった。

蛾やクモや巨大なマルハナバチがどこからともなく現れ、せわしく飛び回ると一瞬にして消えた。飛翔動物は羽をしきりに動かしながら、花から花へと移動を続ける。ただし、マルハナバチの羽音は至近距離だと耳障りだが、他の訪問者はいたって静かだ。

ホッキョクミソサザイは私の存在が気になるのか、行ったり来たりを繰り返す。ツンドラの隠れ家から姿を現し、私の注意をそらそうと落ち着かない。私に巣を荒らされるのではないかと心配しているが、それは取り越し苦労だ。草と小枝で巧妙に作られた隠れ家を、私は見つけることができないのだから。

このあとは登りになり、ツンドラの荒野をはさんでふたつの小さな肩を越えた。やがて歩いているうちに、ブーツがデリケートな地面に与える衝撃が気になり始めた。一歩踏みしめるたび、不法侵入しているような気分になる。何千年ものあいだ誰にも邪魔されなかった大地に乱暴に襲いかかり、土足で汚しているように思えた。私は後ろめたさを感じ、自分が加えたダメージに目を向けた。ところが何と、足跡はまったく残されていない。ブーツを一歩踏みしめるたび、湿って水浸しの世界は放浪者の侵入に屈し、何世紀も見たことがなかった太陽の下に隠れ続けたディテールをさらけ出したが、それも一瞬のあいだで、ブーツが地面を離れるとディテールは再び隠れ、コケは元の姿に戻るのだった。この世界では、私など午後のそよ風と同様、取るに足らない存在でしかない。

当初は、これほど緯度の高い場所で生命が繁殖能力を発揮するなど、理にかなった話ではないし、根拠があるとは思えなかった。でも自分が意味のない存在であることを思い知らされると、この世界では厳しくも復元力のある環境に合わせて、生命が繁殖していることを理解できるようになった。私が別の世界から受け継いだ思考パターンは偏ったもので、広い宇宙でほとんど聞き取れない雑音や背景音も同然なのだ。これまで私は、自分がいかに無知か十分に把握していなかった。

おそらく三〇分ほどして、私はようやく最後の壁に到達した。疲れ切って汗びっしょりで、呼吸は荒く、足は燃えるように熱かったが、露頭までの最後の四〇フィート（一二メートル）を登り始めた。

尾根のてっぺんは少し丸みを帯びた広いプラットフォームで、ほとんどは白や灰色の片麻岩がむき出しで、地衣類にところどころ覆われている。頂上までよじ登ると周囲を見上げた。

私は息をのんだ。はるか向こうの地平線には、一〇〇マイル（一六〇キロメートル）ちかくにわたって手つかずの荒野がひっそりと広がっているが、いかにもはかなげな様子で、少し触れただけで崩れそうな印象を受ける。私は呆然と立ちつくし、両手を広げて恭順の意を示した。そしてつぎに、雄大な景色を満喫することにした。悲しみ、喜び、解放感、謙虚さ、苦しみといった感情がないまぜになり、洪水のように押し寄せて、目には涙があふれた。

東の方角に目を向けると、驚いたことに、氷床に覆われた山のふもとで雲が消えている。その日の気象条件のもとで何か不思議な大気現象が発生した結果、凍り付いて光を反射する地表面の上空で、陸と海に垂れこめる雲が消滅したのである。氷の上には明るい紺碧の空が広がり、クレバスが口を開ける氷原は白くまばゆい光を放ち、青と白のコントラストが鮮やかだ。

北から南に向かって、氷崖が地面をジグザグに切り裂いている。ギザギザの境界線で隔てられた両側の世界は、ずいぶん様子が異なる。ところどころ、高さ何百フィートもの青白い氷壁が何マイルにもわたってそそり立ち、そのあと徐々に穏やかな氷の丘や谷となり、なだらかに傾斜して岩肌にぶつかる。

東とは対照的に北と西と南の景観は、フィヨルド、湖、川、山を寄せ集めたモザイク画のようだ。曲がりくねった川の水面《みなも》に灰色の空が反射され、日の当たらない陸地は薄暗く、平行して走る険しい尾根のパターンに合わせて上昇と下降を繰り返している。氷の彫刻のような岩盤が西へと続き、はるか西の水平線の向こうのデービス海峡を指さしているようだ。こうした地形の躍動感のおかげで、風景全体に動きが感じられる。実際には動きがないのだが、何らかの力が働いているような錯覚にとらわれる。

南には、私たちが船で到着したフィヨルドが見える。他のフィヨルドと同様、これも硬い岩盤に切り込んでいるが、何百、何千フィートもの高さの絶壁に両側をはさまれ、窮屈な水路が出来上がっている。幅は広いところで五マイル（八キロメートル）以上に達するかと思えば、二マイルに満たない場所もある。私たちがキャンプを設営した水辺は、私がよじ登った最初の小さな尾根に隠れて見ることができない。

私はしばらく、ここには他に人間が誰も存在しないのだと感慨にふけった。いまこの尾根に立っている人間は世界中でただひとりだけで、原野の雄大さに圧倒され、すっかり魅了されている。ところがこうして物思いにふけっているうちに、漠然とした不安が忍び込んできた。この不安は、グリーンランドに滞在しているあいだ一貫して、現れては消えるパターンを繰り返すことになる。決して悲しみの感情ではない。それよりはむしろ、人間は表現する言葉を持たないけれど、荒野の環境にはあふれかえっているものへの密やかなあこがれと言ってもよい。自分はこれまで貴重な機会を逃してきたのではないか、深淵なるものと結びつく能力が欠如しているのではないかと思えてならない。自分など視野の端でかすかに瞬く程度の存在で、大自然のなかでは見過ごされてしまうように感じられた。

最後の氷河期が訪れた一万年以上前、私が立っている場所はどこもかしこも何千フィートもの厚い氷の下に隠されていた。いまは見ることができる渓谷や尾根、小さな丘や隘路のすべてに、押し寄せてきた海水が氷となって積み重なった。こうして大昔に氷が集まってきた結果として新しい景観が誕生し、受け継がれていった。やがて氷河期が終わると氷が溶け始め、長いあいだ隠されてきた岩盤がむき出しになった。すると氷に浸食された陸地は、先駆植物が成長する足がかりを提供した。季節の移ろいと共に、植物は少しずつ確実に繁殖したあと、衰えて死を迎えた。僅かに残った植物は、氷が亀裂を入れた割れ目に根を下ろし、地衣類はむき出しの岩に張り付いた。塵は窪みや凹凸のある場所に積み重なり、最後は想像を絶する未来が創造され、そこに私たちは小さなキャンプを設営したのだ。

陸に植物が定着すると、ネアンデルタール人や誕生まもないクロマニヨン人がグリーンランドの小丘や尾根を歩き回り、食べ物を探し求め、あちこち探検したかもしれない。でも、この過酷な場所に定着した可能性はない。水温が上昇した海のはるか南の世界は、もっと快適な環境だったからだ。それでも氷壁を見つめていると、大昔の人類がこの周辺を歩き回っている光景を想像しないわけにはいかない。

このパノラマは、理解の範囲を超えている。普段見慣れているものは何もない。木も住居も、街路も車も、人間も存在せず、いっさいの動きが欠如している。そのため、別世界をたったひとりで歩いているような気分になる。ここは地球ではなく、どこか他の惑星で、地球とは異なるルールのもとで力が働きプロセスが進行し、独自のドラマが展開されているとしか思えない。

いまこの場所での経験は、グリーンランドについての過去の記憶と食い違い、ここに立っている時間が長くなるほど矛盾は大きくなった。かつては存在するものすべてが深い静けさに包まれ、行動にも物質にも一体感が継続するなかで、すべてが形作られ特徴づけられたように記憶していた。でもいまは、違和感を禁じ得ない。

そのとき、マルハナバチが一匹、ブンブン羽音を立てて私の耳もとを通り過ぎてから、高く舞い上がって谷へ向かい、視界から消え去った。それをきっかけに、ようやくおかしな理由がわかった。目の前の世界は迫力満点だが、しんと静まり返っているのだ。そうだった。この場所には音がないことを私は忘れていた。

そよ風が顔をやさしくなでていくが、何も聞こえない。遠くで川が流れ、かすかに光る水面は揺れているが、音は聞こえてこない。あらゆる方角に目を向けて耳をすませたが、何も聞こえない。

ここは原始の世界のままだ。四〇億年前、地球に最初に登場した陸地の不毛の地面には、猛烈な風が吹き荒れ、火山が大きな爆発音を立てて噴火する僅かな例外を除き、音はまったくなかったはずだ。同様に海や大気も静けさに包まれ、聞こえるのは、海が大陸縁辺部に迫り、波が打ち寄せて砂を浸食する音ぐらいだった。実際、地球の歴史の大半は沈黙が支配していた。

ところが六億年以上前に動物が登場すると、音のない状況には少しずつ変化が引き起こされた。魚は水音を立て、ミツバチはブンブン飛び回り、恐竜はうなり声をあげ、鳥はさえずり、馬はいななき、最後に登場した人間は声を出して話し、歌を歌った。生命が世界にもたらした音で地表はあふれ、音はどんどん大きく複雑になり、いまや私たちの都市は絶え間ない喧騒で満ち満ちている。

私がいま立っている世界では、大声をあげて叫んでも広大な荒野に吸い込まれてしまう。この世界は太古の昔のままで、ほとんど消滅した過去の特徴を僅かながらとどめている。いうなれば飛び地のような存在で、大昔の音のない世界と同じように無言で語りかけてくる。この想像を絶する広大なパノラマのなかでは何もかもが、すべてをありのまま受け入れるようにと誘いかけてくる。

私は我慢が限界に達するまでこの岬にとどまり、何とかして心を静めようとした。でも手も足も寒さで凍え、大変な一日の疲れがどっと押し寄せてきた。荒野に抱かれてキャンプまで戻るあいだ、何もせず、ただひたすら耳をすませた。

翌朝、私はキッチンテントへ向かう前にフィヨルドまで下りてゆき、岸に打ち寄せる波の音に耳をすませ、あとに残してきた世界とのつながりを探し求めた。でも風は吹かず、水面は鏡のように凪いでいる。海面が僅かに盛り上がり、波が岸に向かってゆっくり打ち寄せるが、砂の一粒すら攪拌されない。僅かに聞こえる音は、私自身が発したものだ。

キッチンテントまで歩き、コーヒーを飲んでいるカイとジョンに合流し、今回の野外調査で最初の朝食をとった。みんなで食料を詰めた箱を覗き込み、おいしそうなアイテムを物色し、魚の燻製の缶詰、シリアル、オートミール、粉ミルク、パン、ジャムのなかから、それぞれ好きなものを選んだ。私は朝食中にこれからの一日を計画しながらも、ひとりで歩いてきたことは内緒にした。自分はひとり歩きが好きなのだと、いまはふたりに教えるタイミングではなかった。

蜃気楼――未知の存在を知らせるための合図

私たちはこの地形の歴史を教えてくれる何らかの証拠を提供してくれるものを観察し、サンプルを採取するために現地を訪れた。細長く伸びた結晶、褶曲し湾曲した岩石層など、地殻変動の証拠を探し求める計画だ。観察やサンプルの採取を行なった場所をひととおり地図に記せば、現地にいながらかりそめのストーリーが出来上がる。その後、集めたサンプルをラボに送れば、他にも歴史の様々な面について細かく分析される。地形に歪みが生じたとき、岩石はどれくらいの高温で、それはどれくらい地下深くでの出来事だったのか精査される。そのうえで、現地での観察とラボでの分析結果を組み合わせれば、事実に基づいた歴史の枠組みが完成し、何十億年も前の出来事について書き著す準備が整う。

かつてここには山脈がそびえていたと私たちは想像しているが、これは単なる可能性にすぎない。グリーンランドの岩石に僅かに残されたパターンや特徴は何を物語っているのか、仮説に基づいて解釈した結果である。ただしこのパターンは、アルプス山脈やヒマラヤ山脈で観察されるパターンと一致する。どちらも巨大な衝上断層［訳注／逆断層のなかでも、断層面の傾斜が比較的緩いもの］、非常に激しい褶曲、極限条件での変成作用が際立つ地帯だ。これだけの共通点は見逃せるものではない。カイやジョンや同僚、さらに彼ら以前の研究者は、つぎのように推測した。今日では険しい山脈が地表からそそり立つが、こうした山系が地球に登場したのはこのときが最初ではなく、大昔のグリーンランドに同じものが存在していたのではないか。しかし、グリーンランドの山脈は水や風や氷に絶えずさらされるうちに削り取られ、ついには平坦で緩やかな起伏の陸地と海氷から成る地形が出来上がった。浸食作用は常に勝利を収めるのだ。

こうした失われた山脈の存在は、ずいぶん前からはっきりと暗示されてきた。第二次世界大戦の直後、デンマークではグリーンランド地質調査所（GGU）が設立された［訳注／一九九五年にデンマーク地質調査所と合併して現在はデンマーク・グリーンランド地質調査所（GEUS）］。そしてその支部を介して、アルネ・ノエ＝ニガールトやハンス・ラムバーグら少人数の地質学者の集団が、グリーンランド西岸の組織的な研究にはじめて取り組むことになった。一行は氷との衝突に耐えられるように強化された機帆船に乗り込み、複雑な海岸線の調査を始めた。そしてこのとき、幅二〇〇マイル（三二〇キロメートル）におよぶ岩石帯が発見されるが、観察からは、大きな歪みを生じさせる複雑な出来事が長い時間をかけて何度も繰り返された痕跡が残されているような印象を受けた。この岩石帯がナストキディアン移動帯と名付けられたのは、ナストックという地域を横断しており、しかも爆発的な可塑性と流動性が加わったことをほのめかすかのように、ねじれた構造をしているからだ。移動帯はグリーンランドを東西に貫いている。それを見るかぎり、何か大きな「造山活動」が発生したような印象を受けるが、ではなぜどのようにして移動帯が形成されたのかは未だに謎のままだ。実際この地域には、複数の異なる岩石帯が走っている。幅は数マイルから数十マイルのあいだで、地層は同方向に大きく傾斜している。何年ものあいだ、どの移動帯の地層も同じ方向に傾斜して整列している理由はわからず、それが地質構造にとってどんな意味があるのか不明だった。ところが一九六〇年代末から一九七〇年代はじめにかけて、アーサー・エッシャーやジュアン・ワターソンらによって、移動帯の岩石はどれも剪断によって大きく変形した結果、同方向に傾斜したシート状の地層が出来上がったのではないかと指摘された。最終的に、移動帯はいずれも剪断帯に分類され、横断している場所にちなんでそれぞれイソルトク、イケルトク、Itivdleq、ノードレ・ストレムフィヨルドと呼ばれた。なかでも最後のノードレ・ストレムフィヨルド剪断帯（NSSZ）は、ナストキディアン移動帯全体のなかでも北端に位置するため大きく注目された。氷のそばまで接近して観察が行なわれたのは、ここだけである。他はみんな、海岸沿いに船を走らせながら地図を作成するだけで、内陸部の様子についてはわからなかった。

一般に地質学は、ドラマが満載の学問とは見なされない。岩石は調査される機会をじっと待ち続け、鋭い洞察力を働かせれば、徐々に進行した変化についてのストーリーをごくゆっくりと、まるで氷河のようにゆっくりとしたペースで少しずつ語ってくれる。しかし時として、視点が様変わりすること

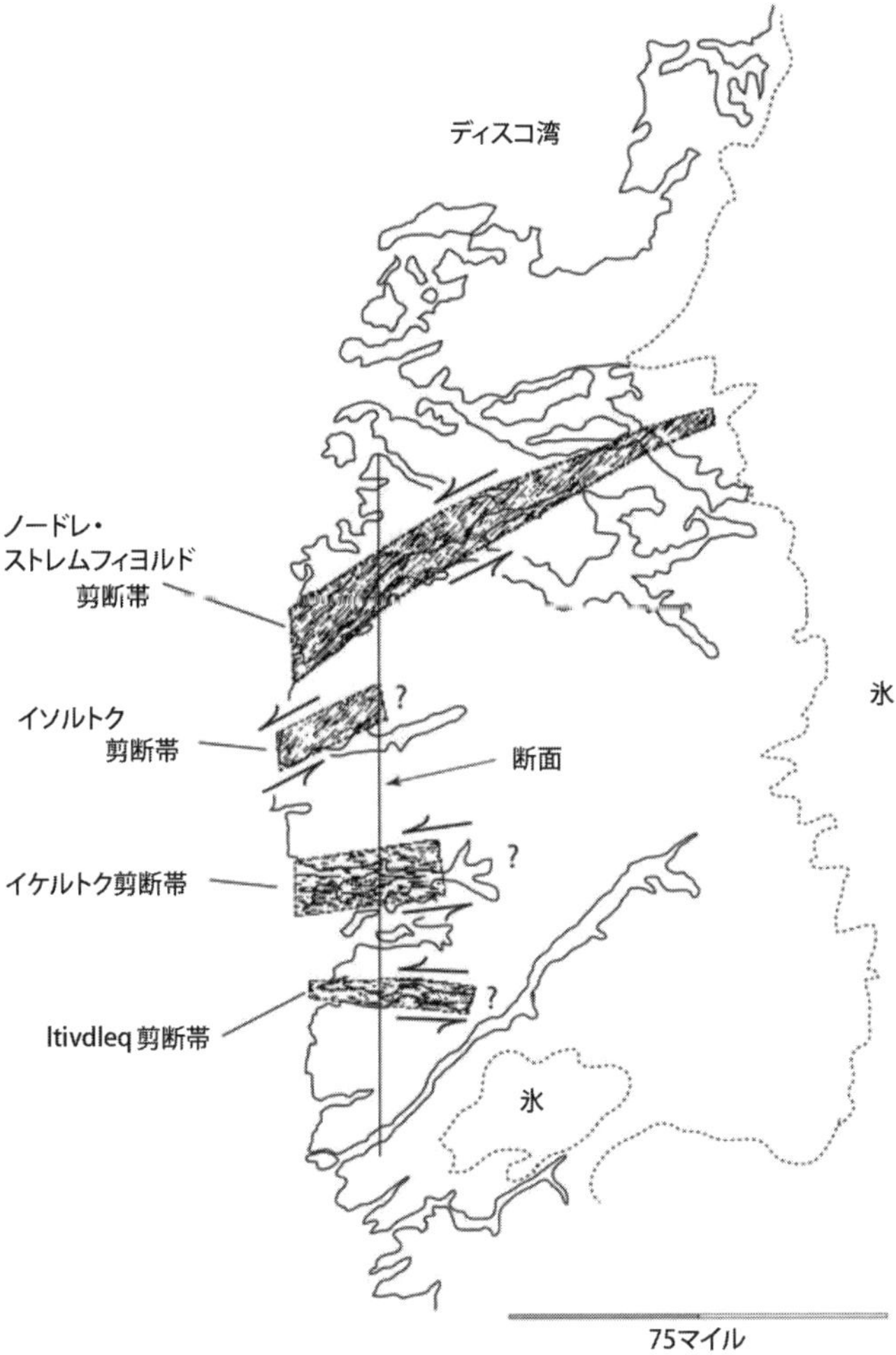

エッシャーとワターソンの剪断帯。矢印は、剪断帯の両側の移動方向を推測したもの。垂直線は、61頁の図で示された断層の位置を指している。カイ・ソーレンセンが作成した地図を修正した。

がある。新しいストーリーが姿を現し、そうなると現地の研究者は驚愕する。
一九八七年、グリーンランドの地質学の世界はまさにそんな激変に見舞われた。それは目立たない出来事ではあったが、関係者全員に重大な結果をもたらした。当時フェイコ・カルスビーク、ボブ・ピジョン、ポール・テイラーの三人は、内陸氷の近くで移動帯の北限に沿って岩石の残骸を発見したが、それは今日アンデス山脈やカリフォルニアのシエラネバダ山脈で発見される岩石と同じパターンだったのである。*これらの岩石は二億年ちかくも大昔のものだが、パターンが同じということは、今日アンデスで進行している出来事が、過去にグリーンランドでも発生したことを裏付ける証拠になる。アンデス山脈のケースでは、南米大陸が西に移動して、太平洋の海底に乗り上げた結果、海底は何百マイルも押し下げられた。超高温状態の地球内部に海底が沈み込むと、破壊力のある巨大な地震が発生した。同時に海底の一部が溶解して大量の溶岩が誕生し、ゆっくりと地上への上昇を始めた。火山が連なり、南米大陸の背骨と言われるアンデス山脈は、このような経過をたどって形成されたと考えられる。もしもこの推測が正しければ、ナストキディアン移動帯の内部のどこかには、太平洋が消滅した証拠が残されているはずだ。ただし、そんな証拠はまだ発見されていなかった。

*F. Kalsbeek, R. T. Pidgeon, and P. N. Taylor. 1987. Nagssugtoqidian mobile belt of West Greenland : acryptic 1850 Ma suture between two Archaean continets — chemical and isotopic evidence. *Earth and Planetary Science Letters* 85 : 365-385.

カルスビークらはこの大きな謎の存在を認め、ふたつの小さな大陸の衝突によって、海が飲み込ま

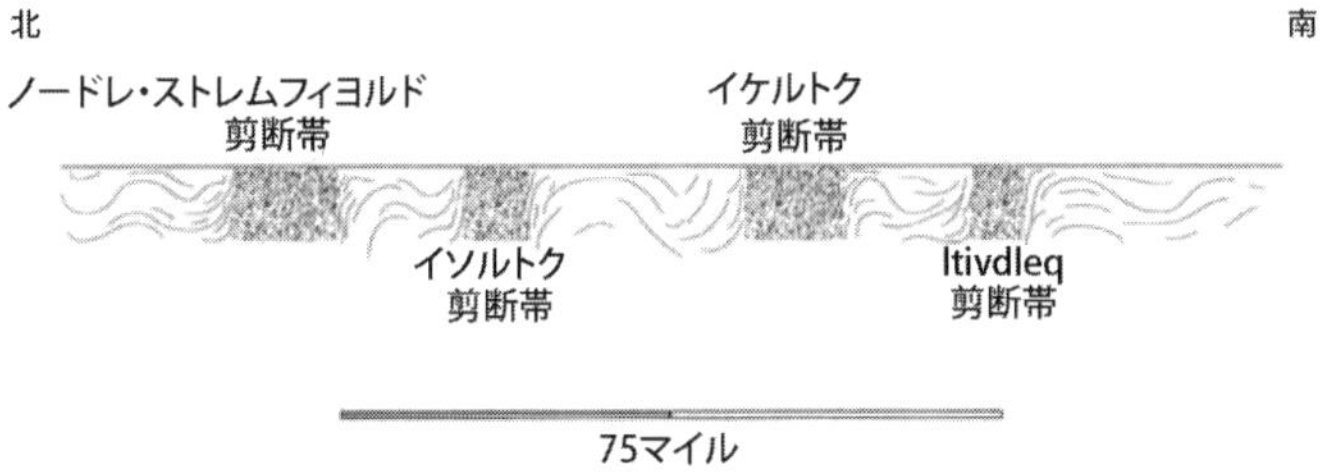

1976年頃に作成。59頁の図には、緩やかに変形した岩石層が剪断帯によって分裂している様子が描かれているが、それを断面図で示した。

れたのではないかと推測した。このように考えれば、巨大な断層帯を含む移動帯が存在する理由を説明することも可能だ。ふたつの大陸が正面から衝突した結果、構造が大きく変形した名残をとどめていると考えられる。ただし、実際に衝突帯がどこにあるのか確認できる証拠は簡単には見つからない。古い南の大陸の岩石の終点であり、北の大陸の岩石の出発点に当たる場所を突き止めるための良い方法は存在しない。しかもこの不確実な状況は、そもそもそんな大昔にプレートテクトニクスが当てはまるのかという議論によって、なお複雑になった。

ジョンやカイたちが調査の対象に選んだ地域は、こうした疑問への回答に大きく貢献すると見られた。彼らは集めた証拠に基づいて、自分たちが指摘するような大規模な移動や変形の結果として創造された衝突帯は、調査地域のなかに存在すると推測した。

地球の歴史の研究者は非常に少ない半面、研究には広大な地域が関わる。当然ながら知識は限られる。研究対象となる地形はどの大陸にもたくさん存在するが、研究者はそれぞれ特定の状況に注目し、そこにはどんなニュアンスや意味が込められているのか読み取ることで、地形の進化のストーリーを解き明かす作業に熱中する。なかにはアルプス山系の歴史に生涯を捧げ、あの美しい山々に登り、山道を歩き回る学者もいる。そうかと思えばヒマラヤ山脈に魅せられた者、カナダ楯状地の広大な開放性に惹かれる者もいるが、ジョンとカイと私にとって、打ち込む対象はグリーンランドだった。

研究対象となる場所には、必然的に主観が関わる。地球のなかでも特に魅了された場所を歩き回りながら時間を過ごしていると、アイデンティティに影響がおよぶ。選んだ場所のあらゆる要素が、私たちの体にも心にも浸透していく。独特の地形は爪の下に埋め込まれ、髪の毛にからまり、皮膚から血を流し、心や精神を傷つける。意識しているかはともかく、地形を歩き回って得られた知識によって、あらゆる思考が惑わされる。記憶の奥底にしまわれた景色がいきなり予想外の場面で表に現れるときもあり、過去の経験と今この瞬間との関わりを認めないわけにはいかない。私たちの存在は、過去に訪れた場所で目撃したものによって成り立っているのだ。

ジョンとカイは、グリーンランドの歴史に対する理解の向上に貢献したパイオニアの世代に属する。グリーンランドのなかでも「移動性を持つ」地形の特徴について、彼らは詳しい解明に取り組んだ。具体的には、折り畳まれ剪断された地層など、不連続性や断絶性が顕著な場所を研究対象に選んだ。そして何年もかけて、大きな地殻変動の痕跡の調査を行ない、過去に変位が発生した証拠が剪断層に沿って何マイルも残されていることを何カ所かで突き止めた。その後、学術雑誌に論文を発表して高い評価を受け、この分野では第一人者として認められた。そんな彼らは、グリーンランドについて誰よりもよく知っている。ところが一九九〇年代末、野外地質学者《フィールド・ジオロジスト》、さらには科学者としての評判を損なうような事態が発生した。一本の論文が、彼らの研究には本質的に大きな欠陥があると指摘したのだ。

地質調査では、広大な地域にたくさんの小さなチームが動員される。そしてどのチームも、毎日の朝と夜、アシアートの基地局に無線で報告を行なうことが決められていた。緊急事態が発生したとき、ヘリコプターが直ちに駆けつけられるからだ。ただし私たちは、調査の最初の年と最後の年の二回しか無線連絡を利用しなかった。それ以外は、現地で調査を行なっているのは私たちのチームだけで、しかも基地局を設置するコストは馬鹿にならなかったからだ。それはともかく、遠征一年目の二日目の晩、私たちはアイデンティティの危機に直面した。というのも、無線報告を行なうためには、あらかじめチームの名前を決めておく必要があるからだ。さもないと、現地にいる他のチームとの区別がつかない。ちなみにその年は、私たちのチームは現地に最後に乗り込み、最後まで居残ることになった。そして私たちが到着したときには、どのチームもすでに名前を決めていた。だから、私たちは何かユニークな名前をつけなければならない。

私たちは早速、よく目立つ名前を選ぼうと頭をひねった。無線連絡の時間は刻々と近づいてくる。

ついにその瞬間がやって来ると、ジョンと私はカイのほうを向いて肩をすくめた。するとカイは口をすぼめ、マイクロフォンのボタンをクリックすると、一瞬ためらってからこう呼びかけた。「こちらチームアルファ、基地局どうぞ」

一瞬の沈黙のあと、基地局からつぎのような応答があった。「了解、チームアルファ。ようこそ！」

無線連絡が終わると、チームアルファと命名した理由をカイに訊ねた。すると、現地では私たちが最年長で、アルファメール（組織を率いる男性）であることに思い至ったからだと教えてくれた。

その後、私たちはキッチンテントに落ち着き、これからのプランや課題について話し合った。そのあいだ、カイはチキンの調理に専念したが、このあと新鮮な肉を食べる機会が訪れたのは、何週間も先のことになる。会話が進むうちに私は、前の晩にふたりが感情的になったコメントについて意見を求めた。するとたちまち、団欒の場は重苦しい雰囲気に包まれた。ジョンがカイに視線を向けると、カイはうなずいた。するとジョンは保管してあった資料に手を伸ばし、一七ページから成る論文を私に手渡した。それは五年前に発表されたものだ。

この論文は特にカイとジョンを名指しして、岩石の読み取り方に基本的かつ根本的な間違いがあると主張している。この新しい論文によれば、地殻変動の証拠など、NSSZにはほとんど残されていないという。誤解が積み重なった結果、基本的に些細な特徴が地殻変動にとって重要な意味を持つように思われてしまったと指摘している。そして論文に掲載されている地図から剪断層という言葉は取り除かれ、ストレートベルトに置き換えられていた。

科学は実に厄介だ。私たちが何かを知っていると言っても、現実を単純化して理解するのがせいぜいなので、本質的に欠陥が付きまとう。その結果、何をするにしても最終的には修正が必要になるので、発表された論文が完全に正しい可能性などあり得ない。でもどの科学者も、自分の発表した研究成果が他人によって改善されることを期待する。誰かがもっと細かい点まで詳しく観察してくれれば、世界にまつわる疑問の解明に向けて前進するからだ。実際、景観が創造された経過を物語るストーリーが洗練されていく過程で、自分の研究が土台として貢献するのは名誉だとされる。しかし私が読んでいる論文の場合には、カイとジョンの研究が容赦なく切り捨てられている。

半分まで読み進んだところで中断し、ふたりは論文の主張に賛成で、地質的特徴の解釈を間違ったと思うかと尋ねた。すると、「もちろん、思わないさ！」という答えが返ってきた。どちらも最初は穏やかな話しぶりだったが、すぐに感情を高ぶらせ、論文の様々な矛盾やあやまりを指摘した。論文が非難する内容よりも、むしろ論文そのものの根本的な間違いや誤解のほうが深刻だという。ただしそれは、本物の岩石にかなり詳しくなければわからない。

カイは、岸壁の切り立った岩肌に残された水平層の白黒写真を指さした。この地質的特徴について論文は、横臥褶曲構造の片麻岩だと解釈している。つまり、ファブリック（構成成分）がほぼ垂直に傾斜した剪断帯のモデルとは相容れない。「ビル、きみもここに行ったことがあるよ。覚えている？これは横臥褶曲構造の地層じゃない」

最初、私はどの場所なのか、どの岩石なのか思い出せなかった。するとカイは、グリーンランドへの最初の調査旅行で、剪断帯の縁を調べたときに見たはずだと教えてくれた。すると徐々に、当時の記憶が鮮やかによみがえってきた。

あのときは、ノードレ・ストレムフィヨルドの南岸の突出部にテントを張った。そしてこの土地の地質的特徴の調査を開始するための下準備として、カイはみんなを日帰りのハイキングに連れ出すことにした。私たちはフィヨルドを出発すると、剪断帯の南端と境界を接する地域を目指した。テントを張った場所の岩盤はどれも垂直に傾斜した片麻岩で、積み重なった地層は色が濃いものもあれば明るいものもあり、厚さも数インチから数フィートまで様々だった。そして、すべての地層が東北東の方角を向いている。私たちはこの層状構造を横切り、南へと向かった。道はないので、小川や小さな谷づたいにカイは進路を選んだ。論文の写真にあった岸壁は、私たちが道しるべにした谷のひとつの西端と境界を接していた。尾根の終点まで歩いてくると、岸壁のむき出しの露頭面には、濃淡様々な地層が積み重なっているのが見えた。地層は大きく傾斜しているが、垂直ではない。カイはここでみんなを立ち止まらせ、南へ行くほど傾斜は小さくなると説明した。私たちがいるところは剪断帯の南端で、色の濃い地層と明るい地層が時間をかけて徐々に回転してねじれ、構造帯の中心部分の主要な構造と平行に並んでいる。写真撮影された岸壁の地層が水平に見えるのは、大きく傾斜しながら他の地層を垂直に横切るのではなく、平行に並んで走っているからだった。

地学の入門クラスでは、現地調査で何かを見つけたことをきっかけに、そこには実際に何があるのか理解するためには、じっくり観察して慎重に測定する必要があると常に教えられる。私たちが歩く土地は立体面であり、複雑な地質構造がいくつも交わっている。したがって、地質体が実際にどのような形態をしているのか、小さな部分をつなぎ合わせて全体像を理解するためには、尾根や谷を足で歩き、測量を行ない、手で触れてみて、地表の状態や岩石の形が景観にどう影響しているか、じっくり観察しなければならない。しかし論文に掲載された写真は、どこかの海岸の見晴らしの良い地点や巡行中の船など、離れた場所から撮影されたことは間違いない。これでは、解釈の正しさを確認するための現地調査の一部とは言えない。

ところが、国際的な科学の世界の現状が逆風となり、カイとジョンが発表した論文は暗に価値がないものと判断され、科学のアイデアの数ある失敗例のひとつとして片付けられてしまった。

私は論文を読み終わると、科学の研究で直面する厄介な問題についてカイとジョンのふたりと話し始めたが、ふたりが大きなダメージを受けて苦しんでいるのも無理はないと理解した。私はふたりを何年も前からよく知っている。口論や議論を行ない、データを調べて分析し、アイデアが矛盾すればじっくり話し合う場面を何度も見てきた。どちらも優れた批判的思考《クリティカルシンキング》の持ち主だ。ジョンはデータを重視するタイプで、常に厳密な論理のレンズを通して情報を調べる。決してずさんな仕事をする科学者ではない。一方、カイはじっくり考えるタイプだ。情報の断片を組み合わせる作業に長い時間をかけて真剣に取り組み、山系の成り立ちを解明できるようなコンセプトやモデルを創造していく。地質学の巨人、すなわち地球の進化についての理解を飛躍的に深めた学者たちの成果の研究にも熱心に取り組んでいる。そんなカイが注目するパターンや関係からは、最初は漠然とした曖昧な印象しか受けない。しかし彼は何本もの糸を撚り合わせる能力が優れており、こうして完成されたコンセプトやモデルは素晴らしいの一言に尽きる。そんなふたりがコンセプトの形成を間違ったとは、とても考えられない。私がふたりについて知っているあらゆることから判断して、それは絶対にあり得ない。

厳格な科学者であるふたりは、今回ささやかな調査に乗り出す理由を、論争解決のためのデータ収集として位置付けた。私を誘ってくれたときには、まだ答えの出ない問題の追求に取り組むのが目的だと教えてくれたが、研究を正当化できる根拠を探すつもりだったのは間違いない。自分たちの無実を証明することも確実に目的の一部だった。

静謐な朝が訪れた。前の晩に思いのたけを吐き出した後、いよいよ本格的な調査を始める日にはふさわしい夜明けだ。真っ青な空に眩しい太陽が輝いていたが、気温は氷点下に近い。アルフェルシオルフィク・フィヨルドにゾディアックが近づくと、船首に座っているカイと私は、冷たい風で体を冷やさないように身を寄せ合った。さらに私はアノラックのフードを頭にかぶり、手袋をはめた。船の舷側に打ち寄せる水は屈折した太陽の光を受けてキラキラ輝き、鏡のように静かな海面に華やかさを添えている。ジョンがスロットルを全開にすると、船外モーターは大きな音を立てた。

私たちはノードレ・ストレムフィヨルドの剪断帯の北の境界を目指した。ここは何年も前におおよその地図が作成されているが、詳しい調査はほとんど行なわれていない。辺鄙な場所にあり、アクセスの難しさが大きな障害になっている。私たちが携行している地図には、剪断帯の境界が黒いインクではっきり記されているが、まだ誰も実際には訪れたことがなかった。

ここで地殻変動の確実な痕跡を見つければ、それは目印となり、研究の判断基準になる。実際に岩石の組織や粒子を目で観察し、手で触れることができる場所が必要だった。定量化や分析が可能な何か、あとから計測や比較を行なう際の基準になる何かを採取しなければならない。剪断された岩石をほんの僅かではなく、十分に確認するためには、基準となるベースラインが欠かせない。

私たち三人は半透明の海を船で移動しながら、フィヨルドをじっと眺めた。船外機は大きな音を立て続けて騒々しいが、壮大なフィヨルドは何と美しいのだろう。なだらかに傾斜する丘の先には広い海が広がり、周囲に花が咲き乱れる小川が滝のように流れ落ち、全体が静謐な美しさをたたえている。でも見とれているわけにはいかず、南側の岸壁に何とか注意を集中した。そこには、褶曲して剪断された片麻岩が広い範囲でむき出しになっている。

フィヨルドの南端からそそり立つ壁を三人で眺めているとき、下の部分で何かが西へ何マイルもフワフワと移動しているのを思いがけず目撃した。そこで振り返って確認しようとしたが、最初は何が何だかわからなかった。冷たい風に当たって目に涙があふれたから、景色が歪んで見えるのだろうか。でも目をこすったあとも、何か不思議なものが確かに水平線上で踊るように動いている。

フィヨルドの北側の陸地は広く、なだらかに起伏している。海まで緩やかに傾斜する尾根は岩丘とツンドラが階段状に連なり、白昼夢のような美しさだ。朝日に照らされてキラキラ輝く風景は、田園と見まがう。

ところが下のほうで陸地を切り裂くかのように、ターコイズブルーの太い筋が水平に走っている。まるで巨人の画家が筆に青い絵の具をたっぷりつけて、一気に直線を引いたようにも見える。目が覚めるような鮮やかなブルーにはまったく混じりけがなく、幅数百フィートの太い筋が、陸地を横切って何マイルも続いている。しかも水平に走るターコイズブルーの筋のなかには、白、グレー、黄褐色、グリーンと色とりどりの垂直の柱が何本も漂い、かなたの都市に立ち並ぶ摩天楼のようにも見える。はるか遠くの水平線で、冷たい海水に真っ青なオーストラリア大陸が乗っかって、キラキラ輝いていると表現すればわかるだろうか。北から東へと進むにつれ、青い筋は次第に細くなり、最後はかみそりの刃がなだらかな丘に切り込んでいくように消滅している。

私たちは三人とも目が離せなかった。船が近づくにつれて、斜面上の大きな岩が青いブレードまで転がり、そのなかを漂い、摩天楼が宙に浮かんでいるような景色が創造されている様子が鮮明になった。岩は巨大で、幅数マイル、高さ数百フィートはある。フィヨルドの奥へとゆっくり漂いながら、岩は形を変えていく。角ばった支柱は滑らかに引き伸ばされ、質感もパターンもまちまちで、統一感がない。そして徐々に細くなり、最後は煙のように消えていく。圧巻の光景にみんな呆然とした。ジョンはスロットルを調整してエンジンの出力を落とし、船首を下げた。最後はエンジンを止めると、船は潮の流れにまかせて漂った。

私たちはしばらく言葉もなく、この蜃気楼を食い入るように見つめた。そのあいだゾディアックは、ゆっくりと漂い続けた。

近くの島までの距離が僅か数百ヤードになり、かすかに視界に入ってきた。島といっても小さな円丘で、コケや低木や地衣類に覆われている。私たちの地図ではインクの染みのように小さく、意識的に探さなければ気づかない。私たちは蜃気楼とのあいだに小さな島が位置する地点に視線を移しながら、あの素晴らしいショーをもう見られないのかと思うと残念でならなかった。

ところが何の前触れもなく、ごくひっそりと、遠くの青い筋が今度は小さな島をゆっくりと横切り始めた。最後まで外科手術のような正確さで切り込んでいく出来栄えは驚異的で、この予想もしない場面が実際の経験だとは容易に信じられなかった。私たちの目の前で小さな島が上下に分割され、明るいターコイズブルーの薄い筋をサンドイッチのように挟み込んでいる。

私は、目が見ているものを素直に受け入れようと努力した。目の前の光景が紛れもない真実を伝えていることは疑いようがない。遠くのフィヨルドを何マイルにもわたって横切っていた太い筋が、今度はすぐ近くで、鉛筆を走らせたような細い蜃気楼になっている。私たちの小さなゴムボートと島の小高い丘のあいだで、鼻先を飛ぶ蝶のようにフワフワ漂っている。

この瞬間、みんなが同時に見ていたから真実だと思い込んでいたものは、実はまやかしだったことを全員がはっきり理解した。でも私たちには、時間をかけて気持ちを整理するだけの余裕がない。遠い先の目的地では、どうしても必要なデータを収集する機会が待っているのだ。しかも午後には確実に風が強くなるので、キャンプに戻るのが難しくなる。ジョンは他のふたりに相談することもなく船外機をスタートさせ、目的地への航行を続けた。

小さな島を回って視点が変化すると、蜃気楼は復活し、私たちは再びその素晴らしさに圧倒され言葉を失った。その後さらに一〇分間、蜃気楼は見え続けたが、徐々に薄くなり、最後は煙のように消えてしまった。

冷たくて密度の濃い空気がフィヨルドの凍てつく水でさらに冷やされると、光が屈折して視覚に変化が引き起こされる。光は順応性が高いので、様々な状況下で条件が整って特殊な現象が発生すると、歪んだりねじ曲がったりする。私たちが感じることができるのは、電磁スペクトルの一〇億分の一のそのまた一〇億分の一にも満たない程度でしかなく、私たちの体が光を検出するために使う器官の感光度、さらには周囲の物理的条件によって制約される。たしかに私たちが知覚できるものは豊かで美しいが、遺伝子に制約される体の知覚能力には限界があり、しかも体が身を置く空間にも影響されるので、実際に見えるものは全体のごく一部でしかない。世界を見るといっても、それは私たち自身が作り出したカーニバルにすぎない。未知の不思議な世界のなかでカーニバルは繰り広げられるが、蜃気楼や沈黙や誤解された真実など、私たちの理解を超えたものを通じ、未知の世界は存在を知らせるために合図を送ってくるときがある。

このとき私は知らなかったが、蜃気楼は地震、時には大地震が視覚に影響をおよぼすと発生することがあるという。地面が揺れ始める直前の地鳴りと共に発生する。それについて予備知識があり、地震の脅威やそれがもたらしかねない大惨事に対応できれば、地鳴りがやって来る方向を確認し、素早く対応して被害を和らげることも可能だ。でもこのときの私はそれを知らず、蜃気楼が何を暗示するのか認識しなかった。むしろ、これから数週間から数カ月のうちに荒野で経験する展開によって、自分の存在意義を根底から揺さぶられた。

その日、私たちは剪断帯の北端を発見したが、それは予想した場所にはなかった。現地調査の予察図の端に黒いインクで引かれた線は、実際の剪断帯から数マイル離れていた。しかも、予想もしなかった岩石が発見された。これは何を意味するのだろう。これでは議論の対象が増えるだけで、何も解決されない。

それはさりげない警告でもあった。地図上の線は境界を暗示する存在であり、期待を形成すると同時に限界を設定する。境界によって全体が単純化され分類されるので、いちいち考えずに対応しやすい。でも自然の世界はプロセスが流れるように進行し、流れを妨害する限界など存在しない。実際、地図上の境界は単なる推測である。せいぜい、こちら側の物事は向こう側の物事と異なることを伝える手段にすぎない。もしも探索する場所を本当に理解するために、サンプルを採取して測定を行ない、記録を取りたければ、境界もまた錯覚のひとつの形態にすぎないという忠告に耳を傾けなければならない。

岩を砕く――ふたつの大陸の縫合帯なのか

二〇億年ちかくも大昔、ノードレ・ストレムフィヨルドの剪断帯で何が起きたのかという疑問は、目覚めているあいだじゅう頭に付きまとって離れなかった。私たちが歩いている地面のどこかには、ふたつの大陸がはじめて接触した地点があるのだろうか。それはどんな徴候なのか。あるいは、陸塊が衝突後にねじれて剪断帯が形成されたという説は間違いで、地球の歴史が誤って解釈されているのだろうか。いずれにせよ、剪断帯またはストレートベルトは、どんな説に当てはまるのだろうか。剪断帯の北端を訪れた結果、現地で観察する機会は増えて、確実なデータも手に入ったが、想像力を掻き立てるほど十分な状況は整わなかった。

付きまとう悩みから解放されるため、私たちは時々三人で小丘の周辺やキャンプに近い浜辺を気ままに散策した。特に目的はなく、ゆっくり時間をかけて歩き回った。そのあいだに会話を楽しんでいると、ゆったりした気持ちで物事を見る機会が得られた。何か発見しても簡単に戻れるので、持ち物はハンマーと拡大鏡とノートだけにとどめた。地面の下を観察する必要が生じても、最低限これだけあれば困らない。

キャンプを設営してからほどないある日の夕方、私たちは海岸線に沿って西へ向かった。まだ見たことがない陸地が一マイル（一・六キロメートル）ほど続いていたので、そこを訪れれば、細かい特徴やパターンを理解するために役立つと判断したのである。

ジョンは早速、素晴らしいものを発見し、後に私たちはそれを「鉛筆片麻岩」と呼んだ。この岩は、カルスビークらが衝突帯、すなわち大陸間の「縫合」というアイデアを提唱するきっかけになった火成岩と同じタイプだ。ただしジョンが立っている場所では、マグマ溜まりがゆっくりと冷却して形成された岩石が、こすられて鉛筆のように細長くなっている。半インチほどの大きさの結晶は通常、角がとれて丸くなっているが、それが張りつめた紐のようにピンと伸びて、細長い線が数フィートにわたって何本も連なっている。どの結晶もきちんと平行に並んでいるので、鉛筆にたとえられるような片麻岩が出来上がったのである。これは激しい剪断現象の痕跡を刻んだ証拠に他ならない。そう判断した私たちは、写真を撮影し、ノートにメモを書き込み、事実に基づいた新たな情報が得られたものとして心に留めた。ここで当面の問題は、こうした特徴が剪断帯全体にわたって残されているかどうかだ。部分的であれば、地域特有の現象としての重要性はなくなる。私たちは発見に胸をときめかせながら歩き続けた。つぎの岬では何が待っているだろうか。

海岸を数百ヤード進むと、小さくて奇妙な絶壁が姿を現した。ぼやけた黒い線が表面にいくつも刻まれ、少し空気が抜けてへこんだサッカーボールをいくつも積み重ねたような印象を受ける。私たちは露頭をじっくり観察し、不思議な光景が何を物語っているのか、全体像を何とか把握しようと努めた。三人で様々な選択肢について話し合い、これまでの経験から推測できるあらゆるアイデアを考えてみた。このとき何度も、これは涙のあとではないかという発想が思い浮かんだ。地球が誰にも見えない目から涙を流した結果、涙がこのような形であとに残されたように感じられた。

結局、目の前にあるのは岩石が変形した薄い層である可能性が最も高いという結論に達した。海中で溶岩が噴出したとき、おそらく枕状玄武岩と呼ばれる火山岩が長さ一五〇フィート（四五メートル）、幅五〇フィート（一五メートル）にわたって形成されたのだろう。周囲の岩石は折り重なったり剪断を受けたり、複数のエピソードに彩られた複雑な歴史の痕跡を残しているが、枕状玄武岩の歴史はきわめてシンプルだ。大昔、どこかの海底に噴出した溶岩が変形し、一度だけ折り畳まれたのだ。剪断帯の片麻岩や片岩は激しく変形しているなかに、薄い地層がレンズ状にはさまれている。まわりを取り囲む岩石とは、まったく対照的だ。

もしもこの解釈が正しければ、そこからは驚くべき可能性が暗示される。ふたつの大陸は通常、地中海や大西洋ほどの大きさの海盆によって隔てられている。やがて大陸同士が接近すると、海盆は次第に消滅する。そして最終的に大陸同士が衝突するときには、海盆が衝突帯になる。このような衝突は何千万年もかけて進行するもので、そのあいだに海底の堆積物や枕状玄武岩は剪断を受け、歪曲し、再結晶化する。このような「ルート」ゾーンからは、アルプスのような山系が誕生する。もしも私たちが発見した枕状玄武岩の薄い層が、大昔に消滅した海盆の名残だとすれば、ここはふたつの大陸がまさに縫合した場所ということになる。今日まで残された薄い地層は、かつては幅が何千マイルにもおよぶ海洋だったのかもしれない。ということは、一五年前にカルスビークが同僚らと存在を仮定していた海を、私たちは偶然発見したのだろうか。

ただし、すごい発見に興奮しても、冷静に疑う姿勢を忘れてはいけない。観察した事実を何かすごいコンセプトの証拠だと解釈した挙句、データや観察結果が増えて間違いが証明された経験は、私たち三人に共通していた。したがってひとつの露頭が、かつて海盆が存在していたという主張の正しさを支える重要な証拠だと確信はできないが、かといって無意味だと切り捨てることもできなかった。

数日後、同じルートを西へさらに一マイル（一・六キロメートル）進んだ地点で、枕状玄武岩と同じようにシンプルな歴史が刻まれた薄い地層を再び発見した。この地層を形成しているのは、かんらん岩だった。かんらん岩は、玄武岩質溶岩の原岩である。ということは、発見した岩石は、海底での溶岩噴出との関連性を地質学者から指摘されるタイプの岩石に他ならない。

私たちが実際に衝突帯を発見した可能性はさらに高くなったが、ふたつの露頭を見つけただけでは、想像力を膨らませる十分な根拠を手に入れたと確信できない。山系が誕生するまでの歴史は長いストーリーで、いくつもの章から構成される。露頭などせいぜい、ひとつの章のなかのひとつのパラグラフにすぎない。私たち三人は歴史学者のように、かろうじて理解できる言語で書かれた古代のテキストを何とか読み取ろうと努力した。そしてその過程で、かつて見たこともないものが明らかになろうとしていた。このゾーンには大きな変形や移動の痕跡が残されており、その一部は海盆の消滅と関わっている。しかもこれまで誰も、そこに衝突帯が存在していたとは考えていない。いまや鉛筆片麻岩とかんらん岩の発見によって、ジョンとカイは汚名をそそぐ証拠を手に入れたようだ。

カイもジョンも明らかに満足そうだったが、冷静さを失わなかった。これから観察結果をていねいに分析するのだから慎重になるのは仕方ないが、それでも緊張は和らいだ。剪断帯だと思われる場所に沿って、鉛筆片麻岩の存在はこのあとも数多く確認され、この一帯に変成岩が分布している動かぬ証拠が手に入った。しかも同じ岩帯のなかに、海盆の痕跡と思われる薄い地層をふたつ発見したのだ。剪断帯のなかに実際に海盆が存在していた痕跡を発見し、剪断帯がふたつの大陸の縫合点である可能性が暗示されるとは、まったく予想外の展開だった。

海底の玄武岩だったと推定される岩石が地殻変動の証拠として意味を持つためには、同じ時期の岩石が露出している証拠を他の場所でも見つけなければならない。そこで枕状玄武岩の発見場所よりも数マイル西にテントを移動することにして、アタネクフィヨルドで同じ傾向の岩帯が観察される場所にベースキャンプを設営した。ここに関してはまだデータが存在していなかった。

そよ風が海を吹き抜け、空が晴れ渡ったある日、私たちはゾディアックに乗り込み、キャンプ地から数マイル東に離れたフィヨルドの先端の近くを目指した。新鮮な空気を吸い込むうちに心は軽やかになり、これから何か重要な発見があるのではないかと期待が膨らんだ。船は澄んだ水の上を滑るように進み、ツンドラに覆われた静謐な尾根や渓谷、いくつも連なる小高い丘を通り過ぎていった。

数マイル船で移動してから北の海岸に上陸し、むき出しの露頭を歩いた。ちょうど引き潮で、磯浜が姿を現している。ジョンが船首の向きを変えてモーターを切ると、船は砂に乗り上げた。私は船から飛び降り、ボルダーに綱を結び付けた。それから三人はロックハンマーとバックパックを持って、東に向かって歩き始めた。ほどなく私は、かつての溶融マグマが固まって筋状に走っている不思議な岩石が気になりだした。私が熱心に観察しても、カイもジョンもあまり興味を示さないので、先に行ってもらってあとから追いつくことにした。

私はおそらく一〇分ほどそこに居残ってから、海岸沿いに再び歩き始め、昼前の太陽の強い日差しを浴びながらひとりきりの散策を楽しんだ。左側では、小さな波が海岸に打ち寄せている。そよ風が吹いているので、蚊よけの対策は必要ない。アノラックを脱いでも大丈夫なほど気温は上昇したが、暖かいと言えるほどではなかった。

少し歩くと、キラキラ光る絶壁が見えてきた。磯浜に向かって、白い壁のようにそそり立っている。岩肌全体に、白いシリマナイト（珪線石）の繊維状の結晶が何本も走っている。肉眼ではかろうじて確認できる程度だが、どの結晶もうねりながらほぼ平行に並んでいる。この繊維状の結晶の集合のなかには、ゴルフボール大の深紅のガーネットの塊が散らばっている。さらに白い雲母と黒鉛の薄片が日光を浴びて、波のようにうねる結晶に覆われた岩肌のあちこちで光り輝いている。そのため露頭は、まるで表面が波打ちながら動いているようだ。しばしの間、私は美術館を訪れたような気分に浸り、美の創造に打ち込む巨匠の手による傑作をじっくり鑑賞した。壁のところまで歩き、敬虔な気持ちで岩肌に手で触れると、ガーネットの塊が指先にぶつかった。触れているあいだはずっと、神聖な創造物を冒瀆しているような気分が付きまとった。

こうして私はガーネットの塊や白く輝く繊維状の結晶に魅せられ、不遜にも指で触れてみたが、残念な結末を徐々に認めざるを得なかった。私が立っている場所では、姿も形も結晶もこのうえなく美しい集合体が柔らかい日差しを浴びて輝き、荒野の真ん中で存在感を放っている。これだけ広い荒野の景観では、同じようなものに再び出会って触れるチャンスはまずないだろう。でも実際のところ、光り輝く壁は岩盤が露出しただけで、ありふれた露頭にすぎなかった。頭が貧弱な想像力を働かせ、汚れた指先で岩肌に触れただけで、何とも不思議なことに、平凡な石壁に神々しいまでの美しさが備わったのである。

鉱物は太陽の下で輝いている。光で揺らめく様子は圧倒的な美しさで、静かに打ち寄せる波やそよ風と不釣り合いなほどだ。私はバックパックからカメラを取り出して撮影しようと考えたが、結局はやめた。そもそも、写真に残すことに何の意味があるのか。この場所から受けた印象、地球の奥深くで大昔に形成された見事な岸壁との出会いが荘厳な気持ちを呼び起こし、穏やかな情熱が湧いてきた現実を胸に刻めば十分ではないか。するとそのとき、ここではすべては平等なのだという思いが頭に浮かんだ。ヒエラルキーなど存在せず、すべては美しいか美しくないか、どちらかである。希少性や違いへの願望によって価値は決定されるものだが、ここではそのいずれも意味を持たない。

砂利混じりの浜辺を歩いていると、波しぶきが立てる小さな音とブーツが地面を踏みしめる音しか聞こえてこない。私はまさにこんな経験を切望していた。無人の荒野をひとりで歩き、眩しい日光や真っ青な海や様々な形状の岩石を独り占めする贅沢を味わいたいと願っていた。私は記憶しているかぎり、ずっとこんな場所が好きだった。子どものときは、家の近くの丘をひとりで歩きながら、いじめられ拒絶される現実からの逃避を試みた。そこは悩める少年にとっての避難場所で、太陽で暖められた草の匂いを嗅ぎ、虫の羽音を聞き、雑草のなかをクネクネと這って消えていくヘビの姿を垣間見るうちに、絶望感は心の奥にしまい込まれた。丸まった葉っぱの陰に潜んでいるテントウムシや、誰もいない浜辺から掘り出したスナガニなど、隠れていたものを発見した経験は、私の想像力を豊かに育んでくれた。そしていま、白い岸壁によって想像力が解き放たれたのである。

しばらくして、カイとジョンに追いついた。今回の観測の記録係を務めるカイは、ノートに情報を書き込みながら、短い鉛筆の芯の黒鉛を時々舌でなめている。シャツの左ポケットには他にも数本のちびた鉛筆が入っているが、字を書くにも図を描くにも、彼は好んでこれを使う。こんな短い鉛筆をどこで手に入れるのか見当がつかないが、切らしているのを見たことがない。別のポケットには小さな鉛筆削りが常に入っている。

ガーネットとシリマナイトが埋め込まれた小さな片岩を見たかどうか、私は興奮しながら訊ねたが、カイの反応はおざなりで、それについてノートに記した短いメモを見せてくれた。

そしてつぎに、私にこう訊ねた。「その数百メートル前にあったレンズ状輝緑岩を見た？　超苦鉄質岩かもしれない」

私は何とか思い出そうとしたが、見落としたと認めざるを得なかった。

「冗談じゃない（pulling my nose）。ちゃんと見てこなくちゃ。ジョンは重要だと考えているんだ」。こうして私をからかうのは、貴重な気晴らしだった。

「それを言うなら、鼻じゃなくて足（pulling your leg）だよ」と、私は表現を訂正した。カイがイディオムを好んで使うことはよく知られているが、時々使い方を間違えるのだ。

私が後戻りして見にいこうとすると、きわめて優秀な野外地質学者のジョンは、地殻変動で薄いかんらん岩が出来上がったように見えるよと教えてくれた。

それは簡単に見つかった。フィヨルドの小さな岬を形成するむき出しのベンチで、細長い岩石が存在感を放っている。黄色がかった緑色の塊は小さく、幅六フィート（一八〇センチメートル）、長さ二〇フィート（六メートル）ほどだろう。色の薄い地層と濃い地層に交互に囲まれており、見逃しようがない。

実際、この細長い岩石はかんらん岩だった。先ほどのガーネットが埋め込まれた岩石とは異なり、かんらん岩が作られるときは通常、他の地層に取り囲まれない。そのような配列になるためには、地殻変動によって大きな力が働かなければならない。そうなるとここでもやはり、「海洋が消滅した」という仮説の正しさを裏付ける証拠が手に入ったことになる。

露頭をよじ登り、表面の様子や鉱物の種類をじっくり観察しているうちに、あるひとつの地層が特に目に付いた。超苦鉄質岩の岩体から三フィート（九〇センチメートル）離れた場所にあって、六インチ（一五センチメートル）ほどの厚みがあり、ほぼ黒に近く、黄色がかった緑色の塊ときれいに平行に並んでいる。ガーネットが含まれているように見えるが、とても小さくて肉眼では確認できないので、サンプルを採取する必要があった。

私たちは三人とも、それぞれ二本のロックハンマーを携行していた。ひとつは重さが数ポンドで、ほとんどの岩に使える。もうひとつの大型ハンマーは五ポンド（約二・二キログラム）の重量があり、特に固い岩石に使用する。下から数インチの高さに位置する黒い地層は、明らかに耐浸食性があり、密度が非常に高そうに見える。そこで私は大型ハンマーを手に取った。

私は世界各地で岩石を砕いてきたが、この岩石は間違いなく、これまで遭遇したなかでも特に固い岩石のひとつだ。大型ハンマーを叩きつけるたび、ハンマーは大きな金属音を響かせ、岩石から跳ね返る。私はどんどん大きく振りかざしながらも、分厚い木製の柄がいつ折れるか、気が気ではなかった。ついに細い割れ目が現れ、叩きつけるたびに広がっていった。手には刺すような痛みが走ったが、私の拳とほぼ同じサイズの小さなサンプルをようやく手に入れることに成功した。

その小さなサンプルは尋常ではなく密度が高い。切り取られたばかりの表面は割れたガラスみたいで、きめ細かな粒がぎっしりと密集している。私は拡大鏡を取り出し、サンプルを顔に近づけて、鉱物の構造を詳しく観察しようとした。ところが突然、髪の毛が焦げたような、金属が溶けたような、あるいは砂漠の砂塵のような臭いが、切り取られたばかりの表面から空気中にかすかに漂ってきた。私は驚き、作業を中断して大きく深呼吸した。これは疑いようがない。新たに切り取られて光彩を放つ岩石の表面から、臭いは立ち上っている。

岩石をハンマーで打ち付けた結果、露頭の表面に岩石をつなぎ止めていた化学結合が切断されたのだ。ごく小さな結晶にひびが入り、結晶粒界が切り離され、きわめて密度の高い岩石が破砕したのである。二〇億年以上にもわたり結晶構造体に閉じ込められてきた原子や分子がはじめて新鮮な空気に触れ、北極の暖かい太陽の日差しを浴びたのである。

一マイクロメートルにも満たない粒子や無機分子が強制的に引きはがされ破損した後、目に見えない原子は空気中をバレエダンサーのように踊りながら、気まぐれなそよ風に運ばれていった。こうして解放された原子のごく一部が大気中を漂い、私の顔に向かって進みながら感覚器官に影響をおよぼし、思いがけないセンセーションを引き起こした結果、私は違和感を覚え、破砕した岩石から髪の毛が焦げるような、金属が溶けたような、あるいは砂漠の砂塵のような臭いを感じ取ったのである。

ひび割れた表面は、好奇心に促された乱暴な行為によって、炭素やカルシウムやマグネシウムの原子を世界にまき散らした。この岩石のあらゆる成分は通常ならば、耐え難いほどゆっくりと進行する浸食作用を通じ、海に放出されていくものだが、それがいきなり風に運ばれたのだ。そこに含まれる原子は、生命活動を可能にする分子の成分である。ナトリウムからセレニウムまで、そんな貴重な原子が一気に噴き出し、そよ風と混じり合った。そして、これらの要素が引き起こした化学反応によって、ニューロンやシナプスが入り組んだ脳内ネットワークは刺激され、思考力や想像力が豊かに働いたのである。私が臭いを嗅いでいる岩石の原子には、夢の可能性が潜んでいる。

こうした原子や分子が最終的にどんな形になるかは理解不能なミステリーで、時間を超越した長い旅路のほんの一コマにすぎない。結局のところ外の世界に放出されれば、何か新しいものの一部になる。これまで閉じ込められてきた鉱物構造とは、まったく異なるものを構成する要素になるのだ。小さなサンプルの収集というささやかな破壊行為は、解放と創造を促す行為でもあり、未来に思いがけない攪乱《かくらん》を引き起こした。

私はサンプルを拾い上げ、「468　416」というラベルを貼り、数枚の写真を撮った。それからGPSを取り出し、ノートに位置を記録してから観察結果を少し書き加え、すべてをバックパックに詰め込んだ。大昔の岩石に残された記録をラボで分析すれば、歴史に関する既成概念が打ち砕かれると、私は微塵も疑わなかった。

ハナゴケ――トナカイが好む地衣類を食べてみる

グリーンランドは地衣類が豊富だ。潮間帯よりも高い岩肌の表面はどこも、地衣類がカーペットのように群生し、色とりどりのまだら模様で覆われ、独特の質感が生まれる。いまに地衣類は、ツンドラの窪みを覆いつくすだろう。地衣類は、相手のことなどまるで気にしない。菌類と藻類の共生生物であり、藻類が行なう光合成によって繁殖し、美しいけれども強靭な複合生命体だ。

地衣類には様々な異なる形態があるが、私が観察する訓練を受けてきたのは地衣類が生育する鉱物や岩石のほうなので、見てわかるのは数種類程度だ。淡い緑色、明るいオレンジ色、赤茶色が混じり合った有機組成物が描き出す自由で幻想的なパターンが、硬い岩石の表面に浮き彫りにされ、神秘的な雰囲気を醸し出している。岩石をカーペットのように覆い、カーテンのように飾り、ふんだんに装飾を施しているので、人間の感覚は惑わされてしまう。いつのまにか隠れた世界に引き込まれ、顔を近づけ目を見開いて観察したくなる。地衣類に囲まれたスペースのなかでは小さな虫があちこち動き回り、ドラマが創作され演じられている。

そんな地衣類は、注意を怠ると危害をおよぼす。ある地衣類は特に気をつけなければいけない。乾燥していると、真っ黒なひだ状の板状結晶が非常にもろくなり、踏みつけると縁に亀裂が入り、粉々に砕けてしまう。そして素手で触れれば、ポキッと折れる。ところが湿っているときは、粘液のような状態になる。霧雨が降る日には水を吸い上げてツルツルになるので、上を歩けば確実に足を滑らせ落下してしまう。あるときむき出しの露頭に上陸しようとして、私はもやい結びを手でつかみ、ゾディアックから海岸に飛び降りる準備を整えた。するとジョンが、船外機の騒音に負けないほど大声でこう叫んだ。「地衣類（ジョンとカイはデンマーク語で発音する）に気をつけろ。滑るぞ！」

ジョンの警告を受け入れ、私は計画に変更を加えた。いちばん平らで、粘液のような塊がいちばん少ない地点を選び、できるだけ勢いをつけないように気をつけながら、ごく慎重に飛び移った。ところがそれでも、粘々した塊に足が触れた途端にツルリと滑り、思いきり尻もちをつき、右肩を一時的に脱臼した。それから三日間、私はアスピリンを大量に飲む羽目になった。

地衣類は一種のマーカーでもある。絶好のコンディションに恵まれても成長は遅い。一年間に三二分の一インチ（〇・八ミリメートル）成長すれば速いほうで、私たちが訪れている北極の環境では、それよりもさらにずっと遅い。

晴れて乾燥したある日、私たちはフィヨルドの南岸で立ち止まった。そこでは片麻岩の露頭が緩やかなスロープを描きながら、海へと続いている。前日にはフィヨルドの先端で、ふたつの異なるタイプの岩石を発見したので、このふたつの接点を探すことが目的だった。満潮線よりも上には地衣類が豊かに繁殖し、特に黒い品種が目立つ。メモを取りながら歩き続けると、以前に誰かが地衣類を削り取った場所を見つけた。空白になった部分には名前と日付が残されている。どれも一九六〇年代以前のもので、いちばん古いのは一九四三年。名前と数字ははっきり判読可能だが、何十年も前にメッセージが刻まれてから、地衣類の縁はほとんど変化していない。成長の速さは、一年で一〇〇〇分の一インチにも満たないはずだ。

ただしハナゴケ（*Cladonia rangiferina*）は、それよりも成長が速い。クリーム色の小さな房飾りのような枝が形成され、か細い枝はツンドラのなかで奥ゆかしさを感じさせる。私がこれをはじめて見たのはキャンプを設営したときで、これは何だろうとジョンに質問した。彼はグリーンランドの景観に関して博識だったからだ（ただし、ほとんどとは言わないが、一部は作り話ではないかと私は考えている）。以前にジョンは、かつてキャンプが設営されていた場所の見分け方を教えてくれた。地面が掘り返された場所は石の並び方や草の密集状態が他とは異なるので、それがヒントになるのだという。そして今回は、クリーム色の地衣類はトナカイゴケと呼ばれるもので、食べるものが乏しいグリーンランド西部を徘徊するトナカイにとって貴重な食料であることが名前の由来だと教えてくれた。実際、私たちのキャンプにも、ある日の早朝にトナカイはやって来た。

数日後、船での移動が多く、あまり歩き回らずに一日が終わったあと、私は沐浴に利用している川に沿ってひとりで散歩に出かけ、川の源流の湖を目指した。地図と航空写真によれば、氷冠が後退して形成された湖がこのあたりには三つあって、お互いに水が出入りし、氷床から溶け出す水が流れ込んでいる。私が向かっているのは、なかでも西端に位置する湖だった。

途中の小さな草地には白い綿帽子のようなワタスゲが群生し、そよ風に一斉になびく様子は、魔法をかけられた番兵のようだ。浅瀬の底では体長二～三フィート（六〇～九〇センチメートル）のホッキョクイワナが、ボルダーからボルダーへと素早く移動して姿を隠そうとしている。釣りの道具を持っていれば、おいしい夕食のおかずを確保できたところだ。

薄い雲から太陽の光が漏れ、そよ風が吹きわたる。湖に到着した頃には肌寒さが増し、湖の水は波立っていた。私は手ごろなボルダーを見つけて腰を下ろし、手袋をはめた両手をジャケットのポケットに突っ込み、しんと静まり返った場所で湖と魚を眺めながらしばらく時間を過ごした。

この静かな環境には他に誰もいない。孤独感がひしひしと伝わり、圧倒されないわけにはいかない。いっさいの制約から解放されて自然の深い懐に抱かれ、このような瞬間を持つことができるのは、何と貴重な経験だろう。生命は自分のペースで時を刻み、景観を形作る岩石も土壌も人間の創造物ではない。私は行きずりの観察者としてたったひとり、地球が数十億年前に誕生したときから進行してきたプロセスの一端を垣間見る幸運に恵まれた。目の前にあるのは、原始の地球が未来へ向かう途中で作り出した創造物であり、おびただしい可能性のなかから形作られたものだ。具体的な形をとっているが、終わりのないプロセスのなかで偶然から生み出された一時的な存在にすぎない。

私は人生ではじめて、自分がいくら頑張ったところで、この世界はまったく理解不能であることを思い知らされた。全体から切り離された部分などいっさい存在せず、しかもその全体とは、誕生の瞬間から宇宙そのものなのだ。そして北極の渓谷の静寂のなかにも、大きな宇宙はほんの少しだけ姿を現している。

そもそも時間など存在しない。過去や未来は、心が介在して作り出したものにすぎない。心は様々な違いについてあれこれ考え、特徴を詳しく解明する。生物種をつぎつぎ確認し、まるでどれも時間を固定され他と厳密に区別されているように語る。しかし実際はと言えば、何もかもが猛烈なスピードで変化する。ユニークな個性を持ち合わせた一時的な創造物は、結局は分割など不可能な全体の一部にすぎない。そして人間もしょせんは、理解のおよばない大きな力が行なう実験の産物であり、実験によってもたらされる結果などまったく重要ではない。

それでも完全に孤独な世界に放り込まれてみると、世界は美しさで満ちあふれている。私のまわりのものは何もかも新鮮で、しかも見事に調和している。色、質感、形態、パターンが様々に表現されていても、矛盾する要素はいっさい存在しない。あるのは（岩石、水、空気、寒さなど）大きなコンセプトだけ。何もかもが細かい解釈を拒んでいる。

孤独と寒さが募り、これ以上とどまるのはつらくなった。私は立ち上がり、周囲の景色を眺め、その一部を心に刻み付けようとした。こうしてカイやジョンに伝えようと思ったのだが、結局は、この素晴らしさを上手に表現できる言葉など見つからなかった。

川沿いに同じ道を通ってキャンプに戻る代わりに、山野を横断して時間を節約し、ついでに新しい地形を観察することにした。比較的平坦で広々とした幅四分の一マイル（四〇〇メートル）ほどの比較的平らな地面が、湖のまわりを取り囲んでいる。これならば足元を気にする心配がないので、何か他のものに注目することもできる。

途中には、二〇〇ヤード（一八〇メートル）ほどの広さの野原があって、幅が数フィートで高さは数インチのマウンドがあちこちにボコボコ飛び出している。この小丘はパルサといって、地下水が凍結・膨張して上昇した結果として形成された。永久凍土ではめずらしいものではなく、（種類は同じでこれより大きな）ピンゴも、同様にたびたび形成される。パルサの縁は、地下から押し上げられたボルダーでぎっしり縁取られている。

私はマウンドのてっぺんをまたいで歩きながら、上部に亀裂が入っているものを探した。なかを覗き込み、奥に隠れている氷を見てみたかった。そのあとはボルダーが散らばる小さな谷の縁に沿って、でこぼこ道を歩き続けた。まるで小さな迷路を歩いているようで、何か未知の精霊によって神秘的な歌や踊りが行なわれた場所だったのではないかと想像した。その伝統が時間を超越した空間に保存され、つぎの世代の信者を辛抱強く待ち続けているのかもしれない。

さらに歩きながら、何かが場違いで普通とは異なる印象を拭い去れなかったが、突然あることに気がついた。どのボルダーも色が妙に薄い。よく見かける黒い小さなまだら模様も、片麻岩や片岩の縞模様もまったく観察されない。

実は薄い色は、イワタケの影響だった。この地衣類が大量に繁殖し、ボルダーを覆いつくしているところなど、これまで見たことがなかった。なぜこのようになったのか、見当がつかない。そしてボルダーを取り囲むツンドラでは、トナカイゴケが繁殖し、地面に独特のパターンを描き出している。そのときこう思った。あちこちさまよい歩くトナカイは、ここでご馳走をいただいたのではないか。自然がここにご馳走を準備してくれたおかげで、おいしい地衣類を心置きなく味わったのではないだろうか。ならば、これまで経験できなかったことを実現するチャンスだ。地衣類はどんな味がするのだろうか。

私はいちばん近くのボルダーから、薄くて平たいイワタケの小さな塊を慎重につまみ取り、砂粒を落としてから味わってみた。質感は歯ごたえがあって革のように固いが、噛み切れないほどの固さではない。むしろ食べやすい。味は、シンプルなホワイトソースやセモリナ［訳注／デュラム小麦を粗びきにした穀粉］パスタに似ている。こってり感やスパイシー感はなく、ライトであっさりしたクリームの食味だ。複雑な味ではないが、シンプルさが心地よくておいしい。私は一つまみ飲み込むと、つぎつぎにお代わりをして、地衣類を食べ物としてよく理解しようと努めた。

突然、子ども時代の小さな我が家での食事風景の記憶がよみがえった。南カリフォルニアのレモン果樹園のすぐ隣に建てられた我が家でどのように食事が進行していたか、当時の記憶が頭のなかに洪水のように押し寄せてきた。テーブルにはいつもきれいにアレンジされた花が飾られ、西部開拓時代の様々な場面を描いた色あせたテーブルクロスがかけられていた。私の右側にはミルクのコップが置かれ、左側には父が座り、目の前にあるキャセロールから食事をみんなに取り分けてくれた。私はイワタケを噛むのをやめた。長いあいだ忘れていた記憶に束の間心を奪われ、忘れ去ったはずの子ども時代の心地よい感情がよみがえったことに驚き、思いがけない展開に狼狽した。地衣類は、タイムマシンのような効果を発揮したのである。

このときの私の経験のなかには、トナカイが経験したものと同じ感覚や記憶が含まれ、貴重な要素を共有した可能性はないだろうか。

私は、他の地衣類を食べてみようとは思わなかった。でもあとになってみると、岩石を包み込んでいる世界はどんな味がするのか、感触を掴むためにも食べておけばよかったと思う。

ハヤブサ——至近距離での遭遇、新しい経験の宝庫

氷縁から西に一五マイル（二四キロメートル）続く尾根の山頂で、私は巨大なボルダーの陰に体を丸めて風から身を守った。北から吹きつけてくる冷たい風は、北極の地を暴走する列車のように止まる気配がない。私は、基礎観測を行なうためにここまでやって来た。三人が考えている新しいストーリーに、何か少しでも詳しい情報が加わればありがたい。

アルフェルシオルフィク・フィヨルドの南端に沿って続く尾根の山頂は、周辺数マイルの範囲内では最も高い地点だ。二ヤード（一八〇センチメートル）離れたところでは、絶壁が六〇〇フィート（一八〇メートル）以上も急な角度で落ち込み、底には巨大な崖錐《がいすい》［訳注／岩屑が山の急斜面のふもとに積もった半円錐状の地形］が形成されている。北に面した壁から落下したボルダーや瓦礫によって形作られた急峻なバットレス［訳注／山頂や稜線を支えるかのように切り立っている急峻な岩壁］は、下方のフィヨルドのはずれまで伸びている。尾根は東西に十数マイルにわたって続き、頂上から何百ヤードも落ち込んでいる。こうして山の背の岩床は波のようにうねり、独特の外観を形成している。そして南には少なくとも六〇マイル（九六キロメートル）にわたって、グリーンランドの典型的な地

形が展開している。なだらかに起伏する谷や尾根、そして絶壁や小さな湖が、ボルダーとツンドラに覆われた地表に刻み込まれている。その光景は、眉を寄せ、ほうれい線を作り、しかめっ面をして、まるで地肌にしわを寄せているようにも見える。そんな地肌からは、忍耐する賢さが伝わってくる。多くを知っているけれども、何も言わないことに満足しているような印象を受ける。

空には黒い雲が低く立ち込め、雨混じりの大気の薄い層が水と陸の境界面に迫っている。あまりにも低いので、南に移動する雲に手を伸ばせば、下の部分に触れることができるようにも感じられる。

北は、絶壁の向こう側にフィヨルドが広がり、海水と溶けた氷が混じり合う場所で圧倒的な存在感を発揮している。私がフィヨルドを見下ろしても、カイとジョンが乗り込んで海岸沿いに測定を行なっているゾディアックは、かろうじて確認できる程度だ。巨大な灰色の液体表面のなかで、私を人類とつなぎ止めてくれる頼みの綱は、ポツンと小さな点にしか見えない。海よりもさらに北の景色は、南側の景色とそっくりだ。

東側では、氷床が白い水平線を形成して周囲を圧倒し、大昔のままの姿をとどめた景色を忠実な番兵のように守っている。私がいる尾根の山頂よりも、氷床のてっぺんはさらに数千フィートも高い。七〇〇〇万年前、氷は私が立っている場所よりもさらに西まで伸びており、いま私が見ているものはすべて氷の下に隠されていた。その後、氷は徐々に後退する。そして氷が溶け始めると、それまで閉じ込められていた様々なサイズのボルダーが氷床から落下した。冷たく湿った突風から私の身を守ってくれるボルダーも、そんな石のひとつだ。

私は、カイとジョンが海岸で降ろしてくれた地点から内陸に向かい、サンプルを集めて測定を行なう予定だった。気になる岩層がどれほど西まで伸びているのか、詳しい調査で解明するためだ。答えが見つかれば、今回測量を行なっている断層のひとつがどこまで伸びているのか、全体像を再現するための手がかりが得られる。私は海岸から南へ向かい、尾根を山頂まで登ったあとは大きな谷まで下る計画だった。そこからおよそ五マイル（八キロメートル）にわたって一帯を縦横に歩き回れば、観測を行なう十分な機会が提供される。それから尾根を逆戻りして水際まで下りていけば、フィヨルドの先端の小さな入り江の砂浜で、夕方にはふたりと合流できるはずだ。

大昔の姿をとどめた果てしない荒野をひとりで歩き回り、人間がやって来た可能性の少ない大地に足を踏み入れ、人間の目がまだ見たことのないものを眺め、想像を絶する世界に身を置いてみると、まったく思いがけないものを常に発見する。私にとって、それは天にも昇る幸せな気分だ。

尾根の山頂までの道のりは長く、簡単ではなかった。フィヨルドから斜面をよじ登り、尾根のふもとに形成された崖錐を越えていく行程は体にこたえた。打ちつけた向こうずねからは血が流れ、指の関節は痛んだ。そこらじゅうに転がっているボルダーには統一感がない。車のように大きなものもあれば、こぶし大のものもあり、地衣類、コケ、草、顕花植物で不揃いに覆われている。毛布のように柔らかい植物には何千年にもわたり、いっさいの邪魔が入らなかった。そのため、ボルダーとボルダーのあいだに太ももの深さほどの大きな穴が開いていても、植物に隠されているので外からは見えない。足を踏み出しても大丈夫かどうかは、推測するしかない。万が一ここで足を骨折したら、小さな入り江でカイとジョンと合流するのは夕方の予定だから、そのあとでなければ探してもらえない。そんなに長いあいだ寒さのなかで我慢するのはまっぴらだから、慎重に行動する必要がある。下はどうなっているのか、何かヒントになるものはないだろうか。いちばん近い場所で岩肌が露出しているボルダーの形状や傾斜、洞窟がところどころ口を開けている場所などは、つぎに足を踏み出すベストの場所を知るための手がかりとして有力だ。ただしどんなに注意しても、結局は推測の域を出ない。ボルダーからボルダーへと飛び移ったあと、植物に覆い隠された穴にいきなり墜落することもある。そこから這い上るのは容易ではない。傷つき痛む向こうずねをさすり、何回か深呼吸を繰り返してから、這いあがるしかない。他のことに費やす時間的な余裕はなかった。

それでもコケの感触は忘れられない。最初、私は手袋をはめていたので、コケの素晴らしい感触を経験できなかった。やがて崖錐の斜面を半分ほど登ったとき、太ももの深さほどの大きな穴に再び墜落したので、少し休んで呼吸を整えることにした。そのとき正面を見ると、ちょうど私の目の高さのところに幅二フィート（六〇センチメートル）ほどの岩があって、私を手招きしているように感じられた。表面を覆いつくしているコケは、ボルダーが散らばる周囲の地面にまで広がっている。岩の下は小さな空洞になっており、コケに覆われたボルダーの裏側が露出している。黒白の縞模様の岩、ビロードのような緑色のコケ、ひんやりとした空気という条件が重なり、私は手袋を外すと、思わず手でコケに触れてみた。それは驚くほど贅沢な感触だった。厚さが一フィート（三〇センチメートル）もあるフカフカのコケがボルダーの上に惜しげもなく広げられ、まるで世界一美しいベルベットを見せられているような気分だった。穴から這い出すと先を急いだが、手袋は外したままだった。神聖なものを冒瀆したことへの罪悪感を払拭するのは難しかった。

高さ九〇〇フィート（二七〇メートル）あたりで崖錐は終わり、そのあとは岩壁が続いている。砂が堆積した崖錐の上はむき出しの岩で、尾根の山頂まで急勾配で続いているが、距離は短い。この最後の部分は比較的簡単で、あっという間に頂上に達した。

尾根の山頂に到達した頃には昼どきだったので、急いで昼食をとることにした。イワシの缶詰、チーズ、硬くなったライムギパン、レーズン、チョコレートで、それに水を飲んだ。ボルダーはどれも堂々とした佇まいで、氷に削り取られた岩があちこちに散乱している。刺すように冷たい強風をまともに受け、鼻水が出て目には涙があふれた。バックパックから取り出したものはすべて石を上に乗せておかないと、尾根の頂から谷底まで風に吹き飛ばされてしまう。

昼食を終えてバックパックに荷物を詰めると、崖縁に向かって歩いた。吹き荒れる強風を全身で受け止めながら、どこまでも続く景色を目に焼き付け、手つかずの自然を存分に味わいたかったのである。極寒の自然はピュアで、余計なものがいっさい存在しない。私は両手を前に伸ばし、体のあらゆる部分で風を受け止めようとした。しかし結局は寒さに圧倒され、腕をおろすと、手袋をはめた手をアノラックのポケットに突っ込み、広大な自然を謙虚な気持ちで眺めた。

この地では何もかもが未来永劫、決して干渉を受けない。実際にしばらくの間、この状態を乱すものはなかった。風はうなりを上げて吹き続けるが、目の前に広がるのは活動と無縁の世界だ。岩のように堅くて静かで、動きがない。ところが白い氷床の向こうで、周囲とそぐわない小さな黒い点が動いているのがちらりと見えた。私は頭を僅かに動かし、それが本物かどうか確かめようとした。

視線を固定するのに少々苦労したが、まもなく小さな物体をとらえた。かろうじて見える黒い点が、尾根の頂の上を動いている。岩壁に風を叩きつけてくる上昇気流に乗って、移動している。黒い点の動きは速く、どんどんこちらに向かってくる。私にじっくり考えるチャンスも与えず、私と同じ目線の高さまで一瞬にして到達し、ロケットのように迫ってきた。

一瞬のうちに正体がわかった。それは小さなハヤブサだった。翼を胴体にピタリとくっつけ、神経を張り詰めて集中している姿は、羽飾りをつけたロケットのようだ。見えないけれども尾根に容赦なく吹きつける風に乗って流線形を描く様子は、空気力学のまさに理想像だ。翼はほとんど使わず、風のスピードが変化したとき、進路を調整して崖縁から数フィートの距離を保つため、僅かに動かす程度だ。

このままでは衝突は避けられないと判断し、私は一歩下がってハヤブサの進路から離れた。すると、予想外の展開にショックを受けると時折経験することだが、そこだけ時間がいきなり切り取られた。あらゆる動きや動作、あらゆる思考や感覚が濃縮され、水晶のようにくっきりと鮮明になった。それは数秒、いやもっと一瞬の出来事だったが、目撃したものは鮮明な記憶として残った。

ハヤブサは翼を広げ、頭をもたげ、黒い目を大きく見開いている。三〇フィート（九メートル）も離れていないところから私をじっと見つめている姿は、空中に浮かんで動きを完全に止めているようだ。

するとつぎに優雅な動作でさりげなく、強くてエレガントな体に翼をたたみ、やや進路を変えて、風に乗ってあっという間に飛び去っていった。そのあと二度、未知の目的地に向かいながら振り返り、肩越しにこちらを眺めた。その様子は、尾根の頂にあると思ったものが、実際に存在していたことを確認しているようにも見えた。翼の音は強風にかき消され、シューッという音だけが聞こえた。

一瞬の出会いのあいだ、ハヤブサが何を経験したのかはわからない。上昇気流に乗って飛ぶときには風のスピードに気持ちを集中し、自分と岩肌とのあいだの距離を測定し、どこか遠くの目的地を目指す。尾根の頂上づたいに散らばるボルダーなどは風景の一コマ、すぐに消える影のような存在にすぎない。ところが、ボルダーのひとつが動いたのだ。尾根の頂上などに人間がいるとは、予想外の出来事だったのである。

これほどの至近距離でまったく思いがけずハヤブサに遭遇するなど、他の状況では想像することもできない。野生とはどんなものか理解するうえで、これほどピュアな経験は望めない。そう思うと気分が高揚し、体中を衝撃が走った。

私たちが経験するものは、現実が部分的に変更され、着色された断片だと考えなければならない。物理的な場所にせよ認知構造にせよ、新しいものは何もかも——風景も、鳥のさえずりも、コケの絨毯も——私たちの記憶に基づいて名前や感情的な印象と関連付けされる。そのプロセスを通じて新しいものは記憶として残り、つぎの新しい経験を評価する基準として採用される。それが暗示するものは明白だ。記憶にとどまる過去が豊かであるほど、一瞬の経験と過去の結びつきは強くなるので、世界はどんな場所かよく理解できるようになる。

では、あらゆるものは相対的なのだろうか。私が振り返り、思い巡らす経験はすべて、過去に見たり感じたりしたものが簡素化された寄せ集めにすぎないのだろうか。もしもそうなら、私が想像できるものは過去の経験に束縛され、範囲が限定されてしまう。でも、新しい経験のなかに過去の記憶と適合しないものがあれば、それは素晴らしい贈り物となり、色や音や香りを充実させ、感情を豊かに潤し、従来にはなかった深い意味をもたらしてくれる。新しいものによって、未来のすべての経験は豊かに彩られるのだ。

荒野は、人跡未踏の世界が存在しているという事実ゆえ、新しい経験の宝庫である。

第2章

統　合

いまでは陸地の研究において、合理的かつ科学的なアプローチが広く普及したため、深淵な洞察力や推測はしばしば軽んじられるが、それによる損失は計り知れない。陸地は詩にたとえられる。不思議なほどの一貫性を備えている半面、意味が不可解で、それを目の当たりにすれば、人間の生命についてじっくり考えざるを得ない。

バリー・ロペス

水がうまい具合に格子状の結晶構造に入り込んだおかげで、私たちは存在している。結晶構造に内在する元素を水は巧みに誘導し、その結果として海は創造された。水は統合や対合を促す。水の影響を受けて、元素は分子になる必要に迫られ、こうして生み出された分子は、許されるかぎり最も複雑な構造物を形作った。このように水は復元を促すが、その一方で腐敗や分解の触媒でもあり、岩石を風化させてしまう。

こうして何度となく復元が繰り返されるプロセスのなかで、私たち人間は生まれた。人間は生物界の試行錯誤のすえに創造されたと私たちは考えたがるが、それは錯覚である。そうなると私たちにとっての現実とは、脚色された真実にすぎない。でも自然のままの荒野に身を置けば、ささやかな気づきをいくつも経験するチャンスに恵まれ、その結果、それまで抱いてきた先入観や誤解が明らかにされる。

私たちは何かひとつのものを選び出そうとして、それが宇宙のあらゆるものと結びついていることを発見する。

ジョン・ミューア

太陽の壁――サーフィンが人生のすべてだった

キャンプ地の南側には、やや東寄りに、大きな岩壁がそそり立っている。海中から突き出す壁を取り囲むフィヨルドは、南東方向に数マイルにわたって湾曲し、そのあとは東に向きを変え、最後は内陸部の氷冠に達する。岩壁は高さが海抜一〇〇〇フィート（三〇〇メートル）ちかくにも達し、私たちがキャンプを設営している世界を高みから見下ろしている。

夏になると、太陽は日周運動を怠ける。深夜になっても北の空に沈まず、正午に最高点に達しても、南中高度（角度）は四〇度に満たない。南中高度が低いと影は長くなる。それでも太陽は毎日大空で周回運動を繰り返し、太陽の光に照らされるものの表面や形状は、決して同じ状態にとどまらない。

私のテントは西向きで、美しいフィヨルドが何マイルも続く絶景を楽しむことができる。でも朝になってテントの外に出ると、私の左手の後ろ側には岩壁がそびえている。私はいつもこの壁のほうを向いて、今日はどんな天気になるだろうかと予想する。もちろん、一日がどのような展開になるか、正確に判断することはできない。何といっても、緯度の高い北極の天気は変わりやすい。しかしそれでも、土塁のように堅牢な岸壁が朝日に照らされている様子を眺めると、一日の天気を何となく想像できるので、夕方になってキャンプに戻るまでそれが心の支えになった。

晴れた日の午前中、太陽は北東の低い位置にとどまる。数時間かけて空をゆっくりと上昇し、白い氷の真上から離れない。そのため、岩壁には背後から光が差すので、影のように暗く、のっぺりとして目立った特徴がない。後ろでは青い空が輝き、それよりもさらに青い水が私のほうに向かって伸びている。

正午までには、斜めから差し込む光によって、細かい部分が大胆に姿を現す。チムニー（割れ目）、シュート（溝）、レッジ（岩棚）、オーバーハングが、どれも濃淡様々な影を落とし、朝には見られなかった質感が岩肌に加わり、存在感が強まる。夕方になるにつれ、影の位置は移動して、それに従って影の大きさや濃さも変化する。影が消え去った岩肌には色が現れ、植物の存在を確認できる。植物は割れ目に根っこを張り巡らせ、岩肌に必死でしがみついている。尾根の側面に形成されたツンドラの谷は、赤褐色と砂色のなかに、群生する植物の緑色と灰色が混じり合っている。

この風景全体が広大なカンバスで、そこに太陽が休みなく絵筆を走らせながら、少しずつ修正を加えているのだと考えずにはいられない。

太陽はいつも輝いているわけではない。フィヨルドへの長い遠征を計画していた日の朝、外に出てみると、空には千切れ雲が厚く垂れ込めていた。冷たい風が吹きつけ、海は波立っている。そのため私たちは計画を変更し、キャンプの近くにある小さな入り江を訪れ、地質の特徴を詳しく調べることにした。そこは剪断帯の北端に当たり、それまで調査の対象に含まれていなかった。

小さなフィヨルドの小さな入り江で、カイがめずらしいものを見つけた。満潮線の真上に露出している地層に、オフホワイトと深緑色の帯が走っている。ジョンは、水際の浅瀬までゾディアックを慎重に進めてからエンジンを止めた。大きなボルダーにロープを結び付けると、私たちは海岸を歩き始め、カイが指摘した露頭を目指した。そして到着すると、まったく思いがけず、大理石とシリマナイト片岩と岩石の薄い地層が積み重なっていることを発見した。しかも岩石には炭酸塩とケイ酸塩の鉱物が豊富に含まれている。そこからは、単細胞の微生物が暖かい海のなかで繁殖していた静かな海岸沿いに、浅瀬の堆積物が形成された可能性が考えられた。数十億年前に波がこの海岸に打ち寄せているところにタイムスリップしたら、小さな入り江の明るい透明な水で海水浴を楽しめただろう。

石灰石は、地球の内部に埋没して数百度の高熱で加熱され、再結晶化が進んだ結果として大理石になり、泥や砂は緑色の片麻岩や片岩に変化した。どのくらいの深さまで達したのか正確にはわからないが、このとき確認された鉱物は、岩石が少なくとも地中一〇マイル（一六キロメートル）まで埋没しなければ形成されないはずだ。この一帯がかつて大洋だったことの、さらなる証拠が手に入ったとも考えられる。ふたつの大陸が縫合した可能性のある場所では、こうした発見は決してめずらしくない。

昼どき、空は晴れて風がやんだ。暖かくなったので少しリラックスして、夕方にはキャンプへの帰路についた。この日の成果には満足だった。

キャンプに戻ると、ゾディアックを停泊させ、サンプルと道具を降ろした。それからキッチンテントに向かい、残された時間を使って一日の成果をノートにまとめた。ジョンはテントの片側に座り、今回持参した論文の一部に目を通し、余白に書き込みをしている。私は向かい側に座り、フィールドブックの走り書きを判読可能にするため書き直した。何しろ、私の悪筆は折紙付きだった。カイはテントの入口の近くで夕食の準備に余念がない。携帯式コンロに乗せた鍋では、玉ねぎとバターがジュージューと音を立てている。

この地域には激しい変形の記録が残されていると、ジョンやカイたちはかねてより主張してきたが、今回集めたデータがその見解を裏付けている可能性はますます高くなった。最初にジョンがキャンプ近くの露頭で見つけた鉛筆片麻岩は、高温で剪断が進行した動かぬ証拠だが、これが剪断帯に沿って何マイルも共通する特徴であることが確認された。さらにレンズ状構造の枕状玄武岩と超苦鉄質岩も、大昔に海洋底が何十万マイルも一気に縮んで、複数の細長い入り江に分割された証拠の可能性が高い。このプロセスが進行するためには、陸の移動や変形がすさまじい規模で発生しなければならない。そしてすべての証拠が、剪断帯のなかで観察されている。

しかも今回は、予想外に様々な情報が手に入った。このあたりの地形が変形したことは間違いないだろう。海底の残余物が、今回発見したような薄いスライス状になって地上に現れるためには、海盆がまるごと消滅しなければならない。つぎに、私たちが数時間前に小さな入り江で目撃したような堆積物の存在は、そこが大陸縁だった可能性を暗示している。さらに、私たちが座っている場所から一マイル（一・六キロメートル）も離れていないところでは、アンデス山脈の火山が噴火したときと同じようなマグマの残骸の一部が発見された。そこからは、このあたりでは海底の地殻が消滅した可能性が暗示される。そしてすべての観察結果をまとめ、いたってシンプルに考えるならば、私たちがキャンプを設営した場所はカルスピークらが存在を仮定した衝突帯だったことになる。もしもそれが事実ならば、ジョンとカイが注目してきた剪断帯は、誰もが想像しなかったほど重要な地質構造的な特徴を備えている。ここは実際に一八億年前、ふたつの大陸が衝突して縫合した場所なのだ。かつてふたりは研究のなかで、それについてはいっさい触れていなかった。

私はたまたま地質学者になった。南カリフォルニアの海岸で過ごした一〇代の頃は、サーフィンが人生のすべてだった。高校ではサーフィンをするために授業をサボり、多くの教科で落第すれすれだった。居残り部屋に隔離され、何度も停学処分になったが、それでも波の魅力には逆らえず、授業を放り出した。波の形は決して定まらないが、そんな波に無我の境地で身を任せ、全身全霊を打ち込む誘惑には勝てなかった。サーフボードに乗って、つぎの大きなうねりを待っているときには、このチャンスに自分が成功するのか失敗するのかわからない。結果がわからないのは不安だが、そこを敢えて挑戦するのが冒険の醍醐味だ。これに勝るものはなかった。

高校を卒業して進学先を考えたとき、私は海岸を南下した場所にある大学を選んだ。そこでは海洋学を受講することができた。海洋学をちょっとかじり、将来はそれでキャリアを築けばよい。ほとんどの時間はボトムターンやハングテンの練習に費やし、サーフィンに本腰を入れようと考えた。

ところがこの大学では、海洋学は修士レベルの学問だった。海洋学に興味のある大学生は生物学、化学、地学、物理学のいずれかを専攻し、選択した教科をきちんと習得してはじめて、海洋学を学ぶ準備が整う。そこで仕方なく、地学を選んだのである。

何とかひとつの講義で単位を取り、つぎの講義を受講するが、地学には僅かな興味しかわかなかった。そんなある日、必修の実地見学で、引率の教授が突然、小さな露頭にライトバンを横付けした。みんなが退屈そうな雰囲気を感じ取ったのかもしれない。教授は学生たちを車から降ろすと、自分のまわりに集合させた。

「きみたちに教えているものを実際に自分の目で確かめてもらいたい」。教授はそう言うと、山を切り開いた道に露出している結晶面の黒い鉱物を指さした。それから数分間、この鉱物の重要性について語り、名前を教え、化学組成について説明した。つぎに別の鉱物を指さして、同じことを繰り返した。そして五分後、学生たち全員が驚くような物語を紡ぎ出した。私たちが立っている場所は六五〇〇万年前にはマグマ溜まりで、地中一〇マイル（一六キロメートル）に隠れていたのだという。そのあとはマグマ溜まりがどのように形成され、マグマはどの火山から噴出され、どのような経過をたどって冷却し、最後に凍結されたのか教えてくれた。私はすっかり魅了された。そして突然、地球は原稿用紙のようなものなのだと理解した。この原稿用紙には美しい書体の文字が書かれているが、あまりにも芸術性が高くて僅かしか判読することができない。でも大きな謎、私たちの起源についての歴史、人類の誕生につながった偶然の出来事の数々が、あちこちに書き残されていることは間違いない。それを理解した途端、私にとって世界は新しい場所になった。

暖かいフェーンが東から吹いてきた。氷に覆われた内陸部の「山頂」から何千フィートも下り、私たちが会話を交わしているテントのカンバスをパタパタはためかせている。オレンジ色の西日から、私たちの小さな空間には暖かい光が差し込んできた。

すると何の前触れもなく、変化がしのびこんできた。いきなり薄暗くなり、暖かい風がピタリとやんだ。寒くなったテントのなかで、私たちはジョークを飛ばし合った。やがて、風が今度は西から吹き始めた。最初は穏やかで、テントのカンバスを僅かではあるが、執拗に揺らし続ける。しかし三分も経たないうちに風は勢いを増し、突風がテントを叩きつけてきた。テントのフラップは折れ、布がくずれて頭に覆いかぶさってきた。カイはコンロの火を消した。私たちは会話をやめ、ノートとペンを置いて、事態を確認するため外に飛び出した。

フィヨルドの風景は様変わりしていた。風に吹き飛ばされた白い波頭と、うねりながら東へ向かう波が、鈍色の大きな渦巻きを創り出している。波頭が砕けたあとには白い泡が吹き流され、荒れ狂う海面に向かって完璧な直線を描いている。風は何もかもズタズタに引き裂き、咆哮を上げている。私たちは倒れないように必死でこらえた。

私は海から視線を外し、毎朝観察している岩壁に目を向けた。するとそこでは、これまで見たこともないような壮大な戦いが繰り広げられていた。

突風は、西の方角からうなりを上げてフィヨルドを吹き抜けると、巨大な岩壁を直撃した。壁に真正面からぶつかると、その先には行き場がないので、壁伝いに上昇していく。するとどこからともなく、たなびく雲が発生し、長さ数百フィートにもおよぶ白い縦じまが何本も出来上がり、大きく波打つリボンが岩壁に装飾を施した。風と雲は頂上に達すると、東のほうへ流れていった。指状の雲は、岩壁の頂上から数マイルにわたって上昇し、猛スピードで内陸氷を目指した。

突然、ジョンの取り乱した叫び声が聞こえた。「ボートが！」

ボートを停泊させた小さな入り江を見ると、大惨事が進行していた。

このあたりは干満差が大きいので、その対策としてジョンは、船を固定しておく巧妙なシステムを考案していた。干満差が小さな場所では通常、浜辺に着くとボートを満潮線よりも高い地点に上げたうえで、どこかに結んでとめておけば流される心配がない。しかしここでは、それは不可能だった。一二フィート（三・六メートル）もの干満差があるので、満潮時に浜辺は水没してしまう。そこでジョンは、一〇〇フィート（三〇メートル）ほど沖に錨を降ろし、ブイにつないだ。それから、ブイと浜辺の岩のそれぞれに滑車を取り付け、ふたつの滑車のあいだにロープを張った。こうすれば、ボートの船首と船尾をつなぎ止めておけるし、ボートは沖で安全に守られる。朝になってロープを引き寄せれば、ボートは元の場所に戻ってくる。これなら潮位に関係なく、ボートは引き潮の流れを乗り切れるので、浜辺の岩にぶつかる心配はないはずだった。

ところがキャンプから沖を眺めると、ボートは突風に飛ばされて、錨を引きずりながら大きく弧を描き、海岸に向かってくる。しかも進路の先には、鋭い岩がいくつも突き出している。応急処置用の準備は整えていたが、もしもボートがズタズタに引き裂かれたら、修理することはできない。しかも予備のボートはなかった。でも、今回の調査を最後までやり通すためには、このボートが絶対に欠かせない。ボートがなければ、何もしないまま夏は終わり、再び戻ってくるチャンスが訪れるのは一年以上先になる。だから、ここは何としてもボートを無事に陸に上げなければならないが、貴重な時間はほとんど残されていなかった。

すでにジョンは、磯浜に向かって全速力で駆け出していた。カイと私も彼のあとを追いかける。浜辺の上の小さな崖に三人で同時に到着すると、順番に崖を這い下りていった。ジョンは浜辺の先まで全力疾走すると、ボートのロープをしっかり摑んだ。私たちは力を合わせ、ロープを手繰り寄せた。ところが私たちがいる場所の物理的形状に制約されるのか、何かはっきりしない理由で、ロープを引っ張るたびに、ボートは岩に向かうスピードを加速させる。これではボートは、破滅に向かって一直線だ。私たちはちょっと休み、解決策を考えた。残された時間は一分もないが、ロープを引っ張る以外の解決策があるとは思えない。もう絶望的だ。ロープを手繰り寄せても、岩との衝突を食い止めるだけの時間的余裕はない。

「とにかく引っ張れ！」とカイが叫んだ。

希望は持てなかったが、もう一度ロープを摑んで引っ張り始めた。

数秒間、私たちは渾身の力をこめ、猛烈なスピードでロープを必死に引っ張りながらも、確実に降りかかる災難に備えて覚悟を決めた。ところが、いよいよボートが最初の岩まで僅か数フィートまで迫ったとき、風がいきなり鎮まり、ほとんど無風状態になった。ボートは前進をやめて、沖のブイに向かってゆっくり漂い始める。数分後、突風は完全にやみ、再びフェーンが吹き始め、太陽が姿を現した。

これで命拾いした。ジョンは錨を元の場所に戻し、カイと私はキャンプに帰った。歩きながら、振り向いて岩壁を眺めると、雲間から現れた太陽の光に明るく照らされている。影は現れたり消えたりしたが、夕日を浴びた岩壁は神々しく光り輝いていた。

鳥のさえずりと神話——音の蜃気楼に出会う

私たちはアルフェルシオルフィク・フィヨルドの南岸を調査していた。枕状玄武岩や、髪が焦げた臭いのする岩を見つけた地点よりもはるかに西に当たる。ここまでやって来たのは、このあたりが大昔には海底だったことを裏付けるさらなる証拠を見つけるためだ。西への遠征はここまでが限度で、これ以上西へ向かうと、途中でボートの燃料がきれて、暗くなる前にキャンプまで戻れない。

空は晴れ渡り、北からそよ風が吹きつけ、気温は普段よりも高い。午前中は調査に長い時間をかけたが、収穫も多かった。優れたサンプルをいくつか集め、岩石の構造を測定してフィールドブックに記録を書き込んだ。さらに、私たちが想像するような経過をたどり、変成岩が出来上がったことを暗示するヒントも見つかった。そこで一休みすることにして、海岸沿いの小さな岩の窪みで簡単な昼食をとることにした。ジョンはゾディアックを浜辺に近づけると、一瞬エンジンをふかしてから停止させ、プロペラを止めた。ボートが砂礫に乗り上げると、カイと私は飛び降りて、満潮でも海水が届かない場所まで引き上げてから、しっかりとロープを結んだ。

太陽の光で暖められた岩場の小さな窪みを見つけると、バックパックを背中からおろし、昼食の準備を整えた。燻製ニシンとライムギパンを食べ、魔法びんからコーヒーを飲みながら、午前中の成果について語り、このあと海岸沿いにさらに西を目指してどこを訪れるべきか話し合った。ところが午後になると、北東の方角から強い風が出てきた。海面は荒れ狂い、キャンプに戻るための進路に向かい風が吹きつける。風に逆らって移動するのは難儀なので、計画を変更し、このままフィヨルドを横断して北岸へ向かうことにした。こちら側には丘陵や絶壁があるので、風に直撃されずに船を進めることができる。しかも北岸には、まだ調査されていない地質構造がたくさん残されているので、情報の少ないフィールドマップに新しいデータを書き込めるという利点もあった。そこで昼食を早めに切り上げ、バックパックに荷物を詰め直し、ガレ場を急いで下って浜辺に向かうと、ボートに乗り込んで岸を離れた。

北岸で真っ先に興味をそそられたのは、調査を計画するために使った航空写真のなかの謎めいた白い大きなしみだった。数十年前に二万フィート（六キロメートル）の上空から撮影された古い写真では、白くて特徴のないエリアが半マイル（八〇〇メートル）ほどにわたり、北岸のすぐ内側に広がっているのが確認できる。狭い半島によって海から隔てられ、映像に残された傷のようにも見える。近くには小さな入り江が入り込み、断崖に囲まれているようだが、それ以外には正体を突き止める手がかりになるものはない。周囲のツンドラや海水や片麻岩のくすんだ灰色や黒と対照的な白さは、写真のなかで際立っている。

満潮が迫っていたので、ジョンは目指す入り江から西に半マイルほど離れた北岸を横切る進路を取った。これならば戻るときは上げ潮に乗って、船をゆっくり進められる。

五ノットの潮流に逆らいながら、二マイル（三・二キロメートル）の海を横断するおよそ二〇分間、私たちは遠くの岸に存在するはずの白い地形を探し続けたが、小さな絶壁が視界を遮って見えない。やがて北岸に到達すると、ジョンはゾディアックを方向変換させた。船は波打ち際に沿って、潮の流れに乗りながらゆっくりと東へ向かい始め、私たちの期待感は刻一刻と高まった。あの白い地形は、いったい何なのか。

入り江まで数百フィートの地点に達すると、白い地形を隠していた絶壁が取り払われ、実物がはじめて目に飛び込んできた。波打ち際には、片麻岩の岩盤が平らな棚状になって、小さな砂州を形成している。幅は一〇ヤード（九メートル）、長さは五〇ヤードほどで、水位が徐々に高くなるフィヨルドよりも一フィート（三〇センチメートル）高いところにある。上下しながら際限なく打ち寄せる海水によって、片麻岩はきれいに洗われている。この小さな半島の航空写真は、もっと潮位が低いときに撮影されたのだろう。ジョンはゾディアックを砂州に乗り上げた。

特徴のない白いエリアは、ごく細かい泥によって形成された広大な干潟だった。周囲の白くて広い浜辺には、純白の細かい砂とシルト（沈泥）から成る絶壁がそそり立っている。絶壁には複数の堆積物が積み重なっているが、これらの堆積物は何千年も昔、氷床の底から流れ出てきたものだ。前置層

［訳注／前置面を形成する堆積物］の上には、白いシルトが幅数フィートにわたって平らに積み重なっている。そこからは、大昔に氷床から流れ出した水が冷たいフィヨルドにどっと押し寄せたとき、広大なデルタが形成されたと考えられる。現在の氷崖は、私たちがいる場所から四〇マイル（六四キロメートル）ちかく東に離れているが、白い堆積物が最初に沈殿してデルタが形成されたときには、一マイル（一・六キロメートル）も離れていない場所にあったのだろう。干潟は絶壁と同じ堆積物で作られている。氷が後退し始めてから何千年にもわたり、潮の満ち引きや季節の雨によって何度も修正を加えられ、新たな沈殿物が積み重なった結果、干潟は完成したのである。

干潟の白い表面には、草一本生えていない。細かい泥から成る北極にはめずらしい砂漠は、フィヨルドの縁で岩盤に囲まれ、まるで細菌を寄せ付けない膜組織のように存在している。潮位が低下して空気に触れると、泥はやや乾燥し、特徴のないオフホワイトに装いを改める。植物がまったく育たない理由は、すぐに明らかになった。潮汐周期の影響で海水が混じって塩気を帯びるので、氷河から流出した堆積物は栄養分が欠けているのだ。

私は小さな半島を横断して歩き、堆積物のはずれまでやって来ると、ひざまずいた。表面には目立った特徴がなく、ほぼ真っ平らだ。自然環境で広大な土地が、これほど滑らかで真っ平らに続いているところは他に想像できない。フィヨルドの水がほんの僅かだけ干潟に浸入し、潮位の上昇につれて少しずつ量が増えていく。午後の太陽の光が水の表面で揺らめき、淡い色の空と白い断崖に反射していた。

ここには採取するものは何もないので、誰かが足を踏み入れた可能性は小さい。干潟は寂寞としたオーラを放っているが、それはまるで何十億年も昔の景色を鏡で見ているようだ。大昔の地球では陸に植物が存在せず、丘陵や渓谷や緩やかな起伏の平地は、単なる岩石と風塵だった。泥流が染み込んで十分に潤されなければ、生命が生き残ることはできない環境だっただろう。

私は岩盤が露出した海岸沿いに進み、太陽の光で乾燥が進む泥のなかを歩き回った。キラキラ輝き、湿り気を帯び、純白の一歩手前の色合いの泥は、抗しがたい魅力を放っている。ひざまずき、指をそっと突っ込むと、思いのほか深くまで進入した。

何とも不思議な感覚だった。ほんの少しだけ指をおそるおそる突っ込んでみたが、泥は粒が細かくて水をたっぷり含み、気温とのバランスも完璧で、抵抗感も驚きもまったく感じられない。つぎに腕まで突っ込むと、魔法の壁を通り抜け、何もかも異質で非現実的な別の領域に進入するような気分を味わった。

表面を覆うオフホワイトの泥のすぐ下は、有機物で形成された黒くてドロドロの汚泥で、指には光沢のある泥がこびりついた。保護膜のように周囲を守っている泥がかき乱されると、かつて繁殖した植物の残骸が外気に触れて、太古の世界と同じ複雑な臭いがツンと鼻を突いた。

三〇億年前、誕生まもない地球では、単細胞生物のコミュニティが潮だまりや平地にコロニーを作っていた。生物は猛烈な勢いで繁殖し、栄養分や水の供給不足に制約されないかぎり、何者にも邪魔されなかった。脆弱な有機分子は干潟の表面を覆う泥に守られ、紫外線によるイオン化を免れた。しかも泥は、生命の科学的構造に欠かせない水分を含んでいた。泥が少なくなれば、何度も繰り返される潮汐周期によって補充され、太陽が保温の役目を果たしてくれた。こうして静かに積み重なった泥のなかには、私たちの遠いふるさととの痕跡が残されている。

ジョンとカイは私より四分の一マイル（四〇〇メートル）先で、岩盤の片麻岩を構成する色のついた地層の走向と傾斜角を測定し、誕生したずっとあとに出来上がった構造の確認を行なっている。私はみるみる乾燥する泥が手にこびりついたまま、ようやくふたりに追いついた。

ちょうどそのとき、カイがゾディアックのほうを向いて忠告した。「ふたりとも、急がないと。上げ潮がボートを持ち上げている」。私はハンマーを摑んで地面に叩きつけ、サンプルをあと少しだけ集めると、急いでラベルを貼って袋に詰めてから、ボートまで駆け出した。

すぐにボートを発進させてフィヨルドに向かったが、このとき突然、エンジンよりも大きくて奇妙な音が鳴り響いた。わけがわからず最初は無視していたが、次第に気になり始め、ついに我慢できず、ジョンが船外機の出力を下げて、不思議な音に耳を傾けた。

音はフィヨルドの向こうから聞こえてくる。二マイル（三・二キロメートル）以上も遠くから、悲しげで苦しげな旋律が流れてくる。耳を澄ませていると、音はゆっくりと変化して、女性が歌う交響曲の合唱のようになった。

このまま確認せずに通り過ぎるのは無責任だ。ひょっとしたら小さな漁船が沈んで、乗組員が立ち往生しているのかもしれない。あるいは、何か他の悲劇が起きた可能性もある。ジョンは船首の向きを変え、フィヨルドを横切った。

かなり近くまで接近すると、叫び声は変化した。最初、嘆き悲しむ声は断続的になり、先ほどよりも小さくなった。ところがつぎに破裂音がして、途切れ途切れの甲高い悲鳴が聞こえた。ジョンはボートを止め、私たちは再び耳を澄ませた。

フィヨルドの南岸には大きな岩壁が海から突き出し、高さは数百ヤードに達する。少し影が差し、岩肌は灰色に見える。最初、それ以外には何も見えなかった。ところが目を凝らすと、何百羽ものカモメが気流に乗って上昇しては下降して、崖を飛び回っている。実のところ岩肌は、カモメの集団繁殖地だったのだ。すごい数と声の大きさから判断するかぎり、何かが鳥たちを驚かせたようだ。ホッキョクギツネかもしれないし、私たちのボートの船外機が立てる騒音だったかもしれない。本当のところはわからない。

鳥にだまされるのも悪い気はしない。私たちは引き返し、本来の進路に戻ったが、すると再び、悲し気な声が聞こえてきた。鳥の鳴き声は先ほどと同じように、苦し気な絶叫に変化した。

このときの私たちの経験は簡単に説明できる。冷たいフィヨルドの海水の上には冷気が集まり、おそらく厚さ数フィートの大気の層が形成される。これに対し、高い場所の空気のほうは暖かくて密度が低い。一方、音のスピードは温度と密度によって異なるので、幾層にも分かれたフィヨルドの大気を音が通過するときには、音波に歪みが生じて音の高さが変化する。ほとんどの場所では、影響は最小限にとどまり、気づかないときもある。しかしいくつかの条件が整うと、音は大きく屈折して歪んでしまう。だから、小さなボートに乗っている私たちが冷たくて密度の高い空気のなかで耳を澄ましているとき、一マイル（一・六キロメートル）以上遠くで鳴いている鳥の声は、いうなれば蜃気楼のように途中で変化して伝わり、本来とは違う形で聞こえてきたのである。

でもこんな味気ない説明では、素晴らしい経験が台無しだ。フィヨルドの縁に沿って船を進め、キャンプへの帰路についているとき、ふとこう思った。私たちが聞いたのは、きっとセイレーンの歌だったのだ。セイレーンは神話に登場する海の怪物で、三二〇〇年以上も昔にオデュッセウスが遭遇したという。彼は自分の体を船のマストに縛り付け、船員には蜜蝋で耳に蓋をさせ、歌の誘惑に負けて難破することを免れた。

私たちが表に見えるものの下に隠れた部分を調べるために訪れた場所では、自然が神話の誕生を促している。私たちはフィヨルドで少し寄り道したおかげで、見えない境界面を隔てて音が変化する現象を体験することができた。

ライチョウ——親鳥とヒナとの遭遇、ホッキョクイワナの川で沐浴

荒野の環境とうまく共存するためには、どうしても沐浴が必要になる。沐浴は確かに活力の源になるが、場所が北極の原野ともなると、楽しみではなく義務になる。その理由はふたつ。先ず、ほとんどの川や湖は氷から溶けだしているので、水が本当に冷たい。つぎに、よく晴れ渡って風がなく、気温が低すぎず、沐浴に快適な条件が整っているときには、蚊の大群が何千匹とまではいかないが、何百匹も襲来し、むき出しの肌から血を吸いとる。風がそこそこ吹き、蚊が風下にとどまってくれるのが唯一の解決策だが、そんなとき水に浸かると、体に刺すような痛みが走る。

七月のある日、空はどんよりと曇り、そよ風が吹き、沐浴には絶好の条件が整った。最後に沐浴をしたのはもう何日も前で、体は臭くなっていた。一刻も早く水に入りたいところだが、午前中は心を鬼にして我慢して、気温があと一、二度上昇するのを待った。そして数時間後、石鹸とタオルを持って出発した。

ホッキョクイワナが泳いでいる川は、キャンプから東に四分の一マイル（四〇〇メートル）離れたところにあった。ボルダーが転がっている小さな峡谷を勢いよく流れてから、フィヨルドに注いでい

る。三つに連なる湖が水源で、いちばん東の湖は氷床のすぐ端に位置している。川までの道のりは険しくない。先行きに不安を感じながらも、数十分程度で到着した。

川に到着すると、風の当たらない小さな水たまりを探して歩いた。すると思ったよりも早く、小さな湾曲部から絶好のスポットが現れた。滝の下に小さな水たまりが出来上がり、深さもちょうどよい。滝つぼの冷たい水で、沐浴を楽しめそうだ。

大きくひとつ深呼吸すると、すぐに着ているものを脱いで飛び込んだ。あまりにも冷たく、息ができないどころではない。私の唇から漏れたうめき声は、おそらくキャンプでも聞こえたはずだ。刺すように冷たい水が皮膚全体を容赦なく攻め続け、私は体を震わせ、のたうち回った。水に浸かり、立ち上がって風に吹かれながら石鹸を体に擦りつけ、再び滝の下にもぐって石鹸を落とすまで、できるだけ短時間ですませた。水のなかで過ごした時間は三分にも満たなかったと思うが、何時間にも感じられた。

水から急いで飛び出し、不安定なボルダーの上に危なっかしい体勢で立ちながら、冷たい風に吹かれて体をできるだけ速く乾かした。寒さのせいで皮膚は火傷したように赤くなり、とり肌が立っている。ザラザラしたタオルで水を拭き取ろうとしても、ほとんど役に立たない。私はボルダーにつまずき、つま先をぶつけた。寒さで手足の感覚を失ったまま、脱いだ服を置いてある茂みまで歩き、身づくろいをした。ようやく服を着ると、冷たい風から解放された安堵感が胸いっぱいに広がった。

帰路は、先ずは河口の礫浜沿いに歩き、つぎに小さな絶壁を登ってツンドラのベンチに達した。それからのんびり歩いているあいだ、寒さ対策で何枚も重ね着した服の下で、清潔になった皮膚の心地よい感触を楽しんだ。針で刺されるような寒さから解放され、光や空気や匂いに対する感覚が研ぎ澄まされ、世界が新たによみがえったような気分だ。何もかもが活気に満ちて、強烈な存在感を放っている。

草や茎の短い花でカーペットのように覆われたツンドラを物思いにふけりながら歩いていると、この場所とのつながりが強く感じられた。雄大な自然がもろ手を挙げて歓迎してくれるように感じられ、沐浴のときから付きまとっていた不安が取り除かれた。すっかりリラックスして、筋肉の緊張も解けた。

そのとき、私の左側で何かチラチラ動くものが視界の隅に入り、最初はそのまま無視した。静かな場所を歩きながらこみ上げてくる素朴な喜びを、乱されたくなかったのだ。でも何かを見落としているような気分が執拗に付きまとうので、歩みを止めて引き返した。すると突然どこからともなく、大きなニワトリほどのサイズの雌のライチョウが、僅か五フィート（一五〇センチメートル）離れた場所を疾走した。遠くまでは移動せず、おそらく一～二フィート進むと、ツンドラのなかで羽を膨らませた。ライチョウとの距離は短いが、うんと集中しなければ姿を確認できない。茶色と黄褐色と黒の斑点は、周囲の植物の色やパターンとそっくりだ。私は、ライチョウが仕かけた視覚のトリックにすっかり魅了され、頭を左右に傾けながら、姿を確認できるポジションを探した。でもライチョウは、周囲の景色にきれいに溶け込んでいる。

つぎに視点を変えることにして、左側に一歩動いてみると、今度は別の何かが動いた。ライチョウの三フィート（〇・九メートル）後ろを小さなヒナが駆け抜け、草のあいだに隠れて消えてしまった。それから、最初にヒナが現れた場所のすぐそばで、別のヒナが一瞬現れ、やはり草のあいだに身を隠し、ほとんど見えなくなった。ヒナたちをこれ以上怖がらせたくなかったので、私は一歩後ろに下がったが、思いがけず母鳥を驚かせてしまった。二羽のヒナのところまで駆け出し、三羽で身を寄せ合い、まんじりとも動かない。ところが何と、今度は母鳥がいた場所から、別のヒナが姿を現した。母鳥は翼でヒナを守っていたが、これ以上緊張に耐えられずに飛び出したのだった。私はさらに数フィート後ずさりして、他にもヒナが残っていないか確認した。

私は四つん這いになり、つぎに腹を地面にピタリとくっつけ、まだ残っているのではないかと期待しながら、広い空のもとで小さな鳥の姿を探し求めた。ところが地面から数インチのところまで顔を近づけたとき突然、花の甘い香りに圧倒された。そこで少し休むと、それまで気づかなかった花たちの様々な香りに圧倒された。アイスランドポピーとオニイワヒゲが、ジンヨウスイバ、シオガマギク、ムサラキユキノシタ、チョウノスケソウのあいだに点在している。私は花々の海にどっぷりと浸かり、思いもかけない世界に引き込まれた。

一瞬、私は鳥の存在を忘れ、様々な種類の花が発する独特の香りをかぎ分けることに集中した。しかし、複雑に混じり合った香りを区別するのは難しい。波や小川が地面を流れていくように、香りは現れてはすぐに消え、穏やかなそよ風に運ばれていく。地表近くをマルハナバチがほぼ常に飛び回っていたのも無理はない。マルハナバチにとって香りは地図であり、植生に覆われた地面の真上に地図が準備されているのだ。嗅覚が心地よく刺激されるこの場所では、地図を構成する様々な香りがあちこちに配置され、それを頼りにマルハナバチは目指す花のもとへと向かう。生物が残す痕跡を私たち人間は香りとして感じるが、ハチにとってはそれ以上の存在なのだろう。でもそれは何か。

花の香りに包まれて幸せな気分を味わった後、私は再びライチョウを探した。すると少し離れた場所で、最初に現れた二羽のヒナの後ろに、さらにもう一羽のヒナを確認した。母鳥はヒナの上に覆いかぶさり、全力で守ろうとしている。それからおそらく最後の手段として、足を引きずり始めた。翼が折れて怪我をしたふりをして、体の大きな人間の侵入者の注意をそらそうとした。

ライチョウの生活に勝手に入り込んで怖がらせたことに罪悪感を抱き、私はその場を立ち去った。小さな鳥たちは、私にはあずかり知らぬ世界を知っている。地面から数インチしか離れていない場所では、私たち人間には馴染み深い風が、岩やボルダーやツンドラのハンモック状の起伏の影響で穏やかになる。そんな静かな環境では、香りが蓄積して混じり合う。香りの世界はヒナを包み込み、ヒナの翼に香りを浸み込ませる。そのため鳥は、香りを生きていくための拠り所として、様々な経験を積み重ねていく。鳥にとって、香りに勝る現実はない。

地面から立ち上がると、香りは消滅した。歩きながら深呼吸をしてみたが、空気中には何の香りも漂ってこなかった。


今回は、適正な規模はひとつではないという貴重な教訓を学んだ。この世界は、私たちのために設計されたわけではない。人間は世界のごく一部に居住して、そのなかで経験を繰り返している。高さが八フィート（二・四メートル）未満、幅が数フィートのスペースに、ほぼ最適な形で適応できるように進化を遂げた。これは良い成果を上げている。しかし通常、ツンドラの植物がもつれ合い、土壌が水をたっぷり含む場所に存在する世界の内情は理解できない。潮の干満の複雑な構造にも、ハヤブサを空高くまで飛翔させる激しい上昇気流にも、大きな関心を持たない。でも、こうした事柄に注目しないと、人間が薄っぺらになり、知識も限られてしまう。

ある程度までは、科学は理解する手段を提供してくれる。科学は表面的な経験を掘り下げて、そこには何が存在しているか説明してくれる。科学による研究の結果、研究対象の規模にかかわらず、どんな領域やスペースにも想像をはるかに超えるものが存在していることが明らかにされる。

でも、人間がこうしたスペースに心を動かされる経験は科学によって提供されるわけではないし、そもそもなぜ馴染みのないスペースを理解したくなるのか、科学が説明することもできない。ある場所について数学的・客観的に説明できるようになっても、その場所を理解したいと願う気持ちは膨らむ一方だ。なぜ願望が膨らむのか。未だにそれは世界最大のミステリーのひとつだ。

きれいな水――淡水と海水が出会う場所の生命のにぎわい

岩盤は景観を支えるバックボーンだ。過去の痕跡を刻み、風の進路を誘導する。潮流の動きは岩盤に制約され、氷は岩盤の上に形成される。堅い岩盤は突き通せない。そして、ハンマーを打ち付けてサンプルを切り取っても、何も流れ出てこないが、実はこの結晶構造には水が含まれている。その水は、岩石がまだ海底の泥だった大昔から受け継がれてきたものだ。泥がゆっくりと沈み込み、再結晶化が進み、新しい鉱物が進化すると、その原子格子が水の分子を体系的な配列で取り込み、将来のために保存したのである。

グリーンランドは何千ものフィヨルドを刻み込まれ、数えきれないほどたくさんの島や岩礁に縁どられている。海岸線の長さは、地球の円周に匹敵する。そそり立つ氷床には、六〇万立方マイル（二五〇万立方キロメートル）以上の凍結水が含まれている。したがってグリーンランドという場所では、水が重要な役割を果たしている。その現実を意識するようになると、思いがけない視点が開かれる。水と岩はどの程度まで祖先を共有しているのか、真剣に考えなければならない。

氷冠のはるか西では、フィヨルドの水はシルトや泥土を含まず、透明に澄み切っている。私は何年も前、グリーンランドへの夏の現地調査にはじめて出かけたとき、ここが海に支配された場所だとわかっていた。でも、頭で理解していることと、それを現実に経験することのあいだには、大きな違いが存在していた。

この最初の現地調査でめずらしいほど暖かくなったある日の午後、私は小さな半島の中心部にある低い尾根づたいに歩き始めた。歩きながら東の方角を見下ろすと、透明な水をたたえた小さな入り江があって、およそ四分の一マイル（四〇〇メートル）先の磯浜に突き当たっている。入り江は北側と南側をほぼ垂直の岸壁にはさまれ、どちらも海底まで一気に落ち込んでいる。水深はおよそ一五フィート（四・五メートル）。太陽の光が海底を明るく照らし出しているため、普段は薄暗くぼやけている水中の世界が明るい色彩を帯び、キラキラと揺らめく光で海上は華やかに彩られた。緑、紫、灰色など、ありとあらゆる色に、黄色や青の斑点がアクセントを添えている。

そんな光景に似つかわしくない黒っぽいものが、私が見下ろしている海岸の間近の水のなかを動いているのを見つけた。海面のすぐ下を移動する長さ三フィート（九〇センチメートル）の直線状の物体は、海底で自由気ままに揺らめく華やかな色彩とは、まったく対照的だ。潮の流れに乗って、ゆっくりと陸に向かっているように見える。最初は、流木ではないかと思った。木が成長して伐採される遠い場所から、海流に乗って漂ってきたような印象を受けた。でも結局、さざ波の立つ海面の下を移動しているのは魚だった。透き通った液体空間のなかを、悠然と泳いでいる。お腹を空かせている様子も、獲物を探し回っている様子もない。真昼の太陽の光を浴びながらリラックスして、澄み切った静かな世界を開放感にひたりながら満喫しているように見えた。

そのあとキャンプに戻ってからも、あの液体空間の素晴らしさが頭から離れず、もう少し調べてみることにした。私たちは近くで調査を行なうための小型ボートを準備していた。キャンプ近くの入り江にそそり立つ断崖の岩肌を観察し、サンプルを収集するためのものだが、それを使えばよい。

五〇ヤード（四五メートル）のモノフィラメントライン（釣り糸）、シングルフック、二オンス（五六グラム）のリードシンカーを準備して、キャンプを設営した入り江を出発し、向こう側の断崖を目指した。どうやらそこは、釣りには絶好のスポットのように感じられた。夕暮れ時で、斜めに低く傾いた太陽の光は岩壁を明るく照らし、海中まで差し込んでいる。私はボートを止め、海底に何か見えないかと、澄み切った水のなかをじっと覗き込んだ。でもそこは何もかも――海藻に覆われた石も、魚も、甲殻類も、丸石が敷き詰められた海底も――チラチラ光って揺らめいており、目を凝らしているとめまいを感じた。何かが思いがけず、自然の光に手を加えているようだ。

この入り江は、私たちのキャンプの後ろを流れている小川の河口に当たる。水が石の上をサラサラ音を立てて流れ、草地にまで広がり、太陽が降り注ぐ地表から温かさを容赦なく吸い上げる。入り江の水は氷のように冷たい。川が海に注ぐ場所では、冷たくて密度の濃い海水の上に、淡水が細い帯状になって流れる。その結果、海の向こう側の入り江全体に、厚さ数インチの淡水の層が広がってゆく。淡水と海水の境界は、密度の異なる要素の境目であり、小さな渦や内部波［訳注／海面下の海水の密度が異なるところで生じる。内部重力波］が発生している。流体の温度や質量の違いによって、海底から反射する光は屈折する結果、パターンが歪んで様々な色が輝いている。

私は舷側から手を伸ばし、淡水に指を突っ込んでみた。それからさらに数インチ深く差し込むと、淡水と海水の境界がくねくね動く層に突き当たった。指は体から切り離されたかのように、渦巻く水に引っ張られていくが、その様子を眺めながらも痛みは感じない。指は自分の一部とは思えなくなった。

やがて水から指を引き上げ、断崖を目指してボートを再び進めるが、入り江全体が魔法をかけたような魅力に包まれ、長いあいだ見てもらうことを待ち焦がれてきた世界に入っていくような気分を味わった。喫水線の上の部分はさび茶色と白の帯が連なっているが、これはこの地域特有の硫黄を多く含む片麻岩と片岩が織りなすパターンだ。ところがさらに近づいてみると、喫水線の下の部分の色は、このパターンとは似ても似つかない。喫水線が切れ目となり、水に没した世界と地表がきれいに分断されている。陸ではっきりと観察される帯が、水中に存在するようなヒントは何もない。断崖の水に潜っている部分は、濃い紫色に覆われている。水深は少なくとも三〇フィート（九メートル）あり、海底には淡い色のボルダーや砂や砂利が不規則に転がっている様子がはっきり見えるが、喫水線から海底まで、岩壁は鮮やかな紫一色に染まっている。

水に潜っている部分まであと数フィートのところまで接近してようやく、紫色の正体がわかった。夥しい数のウニが密集してトゲが絡み合い、表面がスパイクを打ちつけた状態になっていたのだ。数百フィートにわたり、トゲとトゲのあいだにはかろうじて一インチ（二・五センチメートル）のスペースが存在する程度だ。動きのなさそうな紫色の表面を近くで見ると、僅かにうごめいているのがわかる。どのウニも仲間たちが密集する森をゆっくりと移動している。海流に合わせてトゲを緩慢に動かしながら、周囲の仲間が食べ残した藻を見つけては食している。私はしばらくボートで波打ち際を漂い、ウニが創造する自然の脅威に感嘆した。この複雑な世界は生物が意識的に創造したものではない。食べることへの衝動に促されて出来上がったのである。

最後に私は断崖から遠ざかり、海底の様子をじっくり観察することにした。そして三〇フィート下に目を凝らしたが、海面のすぐ下で何かが動いているのが視界の隅に見えた。最初、水を漂っているものは、虹色のワイヤーが目に見えない波に揺られ、同じ動作を繰り返しているような印象を受けた。ところが突然ベールが取り払われたかのように、これは一本のワイヤーではなく、何百本もの細いワイヤーの集合体であることがわかった。それが穏やかな海流にゆっくり漂いながらバレエを踊っているのだ。私はオールを引っ込め、船べりから乗り出し、正体を突き止めようとした。「その正体」は、小さなクシクラゲが何百匹も密集した塊だった。クシクラゲは海生無脊椎動物で、クラゲに似ているけれども有櫛動物門には属さない［訳注／現在の分類では有櫛動物という一門とされている］（クラゲは刺胞動物門に属する）。どれもランタンのような形状で、縦四インチ（一〇センチメートル）、横二インチほどの大きさだ。体表には縦八列に繊毛が並び、それが海中でランタンのような体を動かしながら、虹色に発光する。繊毛はリズミカルなビートを刻みながら、ほぼ透明な体の脇を漂うので、虹色の細い筋が澄み切った水のなかをクルクル動き回っているような印象を与えるのだ。私はボートをすっかり取り囲まれ、光きらめく幻想的な世界に引き込まれた。

　こうなると本来の目的を忘れ、クシクラゲと一緒に漂うしかない。ボートは穏やかな潮の流れに乗って、ゆっくりと向きを変えた。私は頭を船尾で支えて横になり、光と色が演じる無言劇に魅了された。

魚の川——捕食者ウルクが襲う

ジョンとカイの発見の正しさを立証するための調査が進むにつれて、私たち三人は対象地域のなかに縫合帯と推定される場所が存在するという確信を強め、調査に基づいて地図を作成していった。そうなるとつぎに、カルスビークらが一九八七年に発見した大昔の火成岩と、私たちが調査している縫合帯との関係を理解することが重要になった。それまでに作成した地質図を見るかぎり、マグマ溜まりはNSSZ（ノードレ・ストレムフィヨルド剪断帯）よりも北には達していないようだ。もしかしたらそれは、地質作用の偶然がもたらした結果かもしれない。あるいは、何らかの巨大な地殻変動の影響で、凍結したマグマ溜まりに剪断帯が食い込んで、火成岩体の残骸はどこかに追いやられたのかもしれない。ただし剪断帯で発見された鉛筆片麻岩は、凍結と冷却を経て凝固したマグマがこの場所で大きく変形したことを物語っている。マグマ体のなかに大きな変形の痕跡として鉛筆片麻岩が残されており、しかもマグマ体が剪断帯に食い込まれたかのように変形していたら、NSSZはジョンとカイが何年も前に指摘したように、大きな地殻変動に関わっているとと考えてほぼ間違いない。そうなると、疑問の範囲は絞られる。すなわち、鉛筆片麻岩はこの地域全体で発見されるのか、それとも剪断帯のなかにのみ存在するのか、確かめればよい。

かくして私たちは、すがすがしく晴れた日の朝、キャンプの南東のエリアに剪断された火山岩が存在するかどうか、確認するための調査に出発した。サンプルを集め、形状を詳しく観察すれば、大昔の山系が物語るストーリーの内容を解明する手がかりが得られるかもしれない。

私たちはゾディアックに乗ってフィヨルドを横断し、地質調査にふさわしい小さな入り江に向かった。そよ風が水面をなでるように吹き抜け、船はさわやかな風に後押しされて順調に進んだ。午前中は何度も船を止めたが、大昔に凍結したマグマ体のなかに大きな変形の証拠を見つけることはできなかった。

夕方には風はやみ、あたりは静寂に包まれた。すると、それを待っていたかのように蚊の大群が押し寄せ、キーンという耳障りな音が絶えず神経を苛立たせる。そこで手袋と防虫ネット付きの帽子を取り出し、しっかりと対策を講じた。防虫ネットや手袋で重装備しての野外調査には、慣れるしかない。すぐにネットのことは忘れ、手袋も気にならなくなった。でも昼食の時間になると、ネットも手袋も鬱陶しい。そこで蚊の攻撃から逃れるため、エンジンを全開にしてフィヨルドに船を進め、吸血鬼どもを置き去りにすることにした。水のボトルと弁当をバックパックに戻し、ジョンが船外機の出力を上げた。鏡のような水面を進みながら、ほどなく蚊の大群から逃れると、ようやく一息ついた。

そこで、船の床に置いてあるバックパックに帽子と手袋を投げ入れた。

蚊の縄張りを抜け出すと、ジョンはモーターを止めた。船は上げ潮に乗ってゆっくり漂い、水面に緩やかな弧を描く。フィヨルドの水が鏡のようにキラキラ輝き、時おり波がひたひたと船べりを洗うが、他に完全な静けさを破る音は存在しない。氷床から割れて押し出された小さな氷塊が目の前を通り過ぎ、水中で次第に溶けてゆく。私たちはほとんど言葉を交わさず、暖かい太陽の光を浴びながら静かな雰囲気に浸った。いつもと同じパンとイワシの缶詰とチーズの昼食を食べ、魔法びんに入れてあるコーヒーで喉を潤した。

昼食を食べ終わって海岸に戻った頃には、再びそよ風が吹いていた。上陸すると蚊の大群が襲いかかろうとしたが、風に邪魔されて思うように降下できない。黒い雲のようにまとまった獰猛な蚊の集団は取り乱し、こちらまで到達できない事実を知って泣き叫んでいるようだ。私たちは、防虫ネットも手袋も外した。

私たちが上陸した小さな磯浜の隣には、長くて緩やかな傾斜の片麻岩の露頭があった。地層は海岸線と垂直に積み重なっているので、たくさんの異なったタイプの岩石をまたいで歩きやすい。岩石のかけらを測定・採取して情報をまとめれば、過去の歴史を知る手がかりが手に入る。

カイとジョンは片麻岩のことで何か口論していたが、私には興味がなかったので、ふたりよりも先に船から降りた。空は真っ青で、まるで空が光を発散しているように眩しい。そんな青空を反射した水は、普通は鮮やかなコバルト色になるのだが、ここでは濁った薄緑色の色調を帯びている。数マイル東にある大きな氷の塊から溶けた水がフィヨルドに勢いよく流れ込んでくるとき、細かく砕かれた岩が運ばれてくるからだ。

最後に小さな窪みを迂回すると、磨かれたように滑らかな岩が一面に広がる空間が開けた。真っ白な岩のなかに何本も走っている黒くて細い地層は、複雑に折り畳まれ、まるでアコーディオンのように変形している。しばらくの間、私はその前を行ったり来たりして、静かな岩の美しさを素直に楽しむ一方、科学的にどんな意味があるのか理解しようと努めた。もしかしたら無名の陶芸家が気の向くまま、感情を素直に表現して出来上がった作品ではないかという印象を拭えなかった。

数分後、ノートを取り出して四つん這いになり、岩に含まれる鉱物を詳しく観察した。岩はまるで自己アピールしているようで、私はそのストーリーを記録し始めた。手のひらに岩の感触が伝わってくる。ガラスのように滑らかなのは、何千年も昔の氷河時代に氷山の水とシルトですりつぶされたからだ。その一方、小さな斑点も散らばっていて、その部分は滑らかな表面が砕け、石英と長石と普通角閃石のひび割れた結晶がちりばめられている。私は対照的な表面のどちらにも手を走らせてみた。磨かれた部分と尖った部分が競い合っていると、どんな手触りがするのか好奇心を抑えられなかった。

暖かさが心地よい。たとえ太陽が出ていても、グリーンランドはすごく寒くなるときが多い。でもこの日は暖かく、露頭が太陽光線を吸収し、熱を放射するのでありがたい。私はバックパックをおろしてジャケットを脱ぎ、仰向けに寝転がり、シャツを通して伝わってくる暖かさを肌で感じた。数分間、体を動かさず、岩との素朴な触れ合いを介して甘美で贅沢な時間を楽しんだ。そのあとしばらくして右を向くと、水平線上に静かにたたずむ巨大な氷壁が目に留まった。

そこには浜辺がなく、白い岩が海と境界を接している。崩壊した氷床から小さな氷塊が海に押し出され、引き潮に乗って目の前をゆっくり漂っている。

このとき、波打ち際から数フィートしか離れていない場所で、ニシンのような魚の大群がゆっくりと泳いでいるのに気づいた。いままでずっといたのに、わからなかった。

ニシンなどの魚をフィヨルドで見かけるのはめずらしくないが、普通は群れを作らず、作ってもせいぜい小さな集団である。ほぼ常にぼんやりと無気力な様子で、ひれと尻尾を協調させて動かすエネルギーが欠けているかのように、左右にパタパタ跳ねて移動する。ところがいま、何千匹もの魚が幅何フィートにもわたる集団を作り、透明な水が濁って見通しが悪くなるところまで大きく広がっている。この川のような群れがどこまで伸びているのか見当がつかない。あまりにも大きくて、先頭も後尾も確認できない。私はすっかり魅了された。これだけたくさんの魚たちが集団を作り、どことも知れぬ目的地に向かうのは、どんな衝動に駆り立てられてのことだろうか。

いきなり魚の群れは崩壊し、スターバースト［訳注／銀河同士の衝突によって、銀河全体で星形成が起こる現象］のように四方八方に散らばった。私の真ん前の一点から、あちこちに泳ぎ去っていく。

どの魚もひとつ残らず、猛烈なパニックに襲われたようだ。激しく振り回す尻尾とひれで、水は攪拌された。もしも魚に声があれば、あたりには恐ろしい絶叫が鳴り響いていただろう。

するとつぎに、私が片肘ついて起き上がる間もなく、濁った水の奥からぽっかりと開いた口が姿を見せた。巨大なホッキョクカジカが、魚の群れを襲っているのだ。黒い魚は一瞬のうちに、集団からはぐれた一匹をつかまえた。そして無駄な抵抗を続けるニシンを五インチ（一二・五センチメートル）の顎でくわえたまま、暗い海の底にゆっくりと沈んでいった。

ホッキョクカジカ、別名ウルクは、美しい魚ではない。頭は骨ばり、体はとげだらけで、口には鋭い歯が並んでいる。海底のすぐ近くに生息し、色は黒く、灰褐色と黒の斑点があり、チャンスがあれば動きの緩慢な小さな魚を襲って食べる。私がこの魚を見たのは、はじめてだった。

おそらく一〇秒間ほど、散り散りになった魚は何をしたらよいのか、どこへ行けばよいのかわからず、混乱状態で泳ぎ回った。その後、はっきりとした合図が送られたわけでもないのに、魚は再び集まって川のように広がり、先ほどと同じように移動を始めた。たったいま死の恐怖に直面したことなど忘れ、どこともしれぬ目的地を再び目指した。

魚は単純な生き物で、成功や未来について夢見る能力が欠けている。情熱的なストーリーや、遠い目的について想像するわけではない。では、何かを期待する能力がまったく欠如しているなら、死を恐れるとは魚にとってどんな感情なのか。個体はどんな感覚に突き動かされて無意識に移動を行ない、最終的には種の生存という唯一の目的を達成するのか。仲間たちのあとに従い、未知のものを目指して移動するのは、魚にとってどんな経験なのか。形がなく漠然としたものであっても、その魅力に抗えないのだろうか。自分は何かをやりたいと願い、未来を想像できない人生とは、どんなものなのだろう。

私がここに座っているあいだ、生死をかけたドラマは四回繰り返された。そしていつもかならず、揺らめくリボンのような魚の集団がスターバーストのように散り散りになると、ウルクが海底から姿を現し、不幸な一匹の命を奪ってから、濁った海の底へと戻っていった。私が立ち去るときも、魚の群れが消滅する気配はなかった。

その晩キッチンテントに戻ると、カイはにぎやかな音を立てて夕食の準備をしていた。フリーズドライのスープと野菜のパックを開け、コンロの上ではお湯がグツグツ煮えたぎっている。その様子を見ながら、この地では生きるか死ぬかの戦いがあちこちで繰り広げられている現実に思いをはせた。ツンドラの地面には、鳥の骨、ホッキョクギツネの頭骸骨、トナカイの角があちこちに転がっている。どこへ行こうとも、暗い色調の地面には白いものが点在し、進化を促すプロセスとはどんなものか教えてくれる。未来は、骨の散らばる地面から絶え間なく誕生しているのだ。

私たち人間がどんなものの一部なのかは、人工的に設計され創造された世界にいても理解できない。

私たちの意思とは関係なく何十億年も継続してきた変化の産物が、私たちなのだ。私たち人間は何者で、何の一部なのか真に理解するためには、人間の手が加わっていない荒野、すなわち骨が転がっている世界について理解する必要がある。

夕食が終わると、ジョンと私は皿や調理器具や鍋を片付け、洗い場に決めている岩まで運んだ。食器はジョンが洗った。私は食べかすをきれいに取り除くのが下手なので、洗われた食器の水分を拭き取る係になり、役割分担をしている。鍋や皿が洗われるのを待ちながら、私は海の沖を眺め、物思いにふけった。

しばらくしてジョンのほうを向くと、そよ風に乗って移動してくる蚊の大群が、彼の背後に迫っている。私は泡だらけの皿を手に取ると、耳障りな音を立てて近づいてくる群れに向かって空中でブンと振り回した。六インチ（一五センチメートル）の泡だらけの皿の表面には、三七匹の蚊が貼りついた。ジョンはそれを見て笑ってから皿を手に取ると、蚊をきれいに洗い流し、水をツンドラに捨てた。結局のところ、周囲を取り巻く壮大な自然のなかでは、ウルクと私のあいだには、自分が願うほど大きな違いはないのかもしれない。

第3章

発　現

イン・メモリアム

ここには　波が逆捲いてゐるが、昔は　茂る林であつた。
大地よ、おまへは　数々の天變地異を見て來たらう。
この長い街並の、聲々のどよめく所は、
その昔　靜かな波の　遙かに遠い沖であつたが。

つらなる丘も　あれは　移つて變る影、
流轉の相は　一物を止めることなく、
固い大地も　霧の様に消えて行き、
雲の様に　塊《かたまり》になるかと思へば　また散り失せる。

アルフレッド・ロード・テニスン

（テニスン作、入江直祐訳『イン・メモリアム』岩波書店、一九三四年）

私の左側には厚さ数フィートの小さなツンドラの土手、右側には磯浜がある。膝の横には、色あせて風化が進む四本の骨が、骸骨の指のようにツンドラから突き出している。ひとつは脊椎骨、ひとつは肋骨の一部だが、他のふたつは何だか確認できない。地表では、白い花の小さな羽毛がそよ風に揺れている。地面を柔らかい絨毯のように覆う草はしおれて元気がないが、花は生気にあふれている。肋骨は、ツンドラを半分ほど進んだ場所から突き出している。肋骨の破片は私の親指よりも長く、厚さは同じぐらいだ。このサイズだと、おそらくトナカイの骨だろう。

最後の氷河期が終わり、氷河が溶けて後退し始めた六〇〇〇年前、ツンドラは成長を始めた。根っこや花の残骸がもつれ合う混乱状態のなかに骨が深く食い込んでいる様子からは、三〇〇〇年ないし四〇〇〇年前に死んだ動物の骨だと考えられる。

ちょうどこの頃、人類はカナダ北東部の島々を経由して、はじめてグリーンランドに定住した。それ以前には、トナカイやジャコウウシがグリーンランド全体を自由に移動していた。動物の皮をまとったよそ者を見て、怖くはなかっただろうか。はじめて出会う肉食動物を前にして、逃げ出したのだろうか、あるいは立ちつくしたのか、それともめずらしいものから目を離せなかったのだろうか。何千年ものあいだ、トナカイやジャコウウシはグリーンランドの風景を独り占めしてきた。人類のいない世界で生き残るための戦略を磨き、連綿と受け継いできたが、それに立ちはだかる存在がついに現れた。地面から突き出している骨を眺めていると、大昔に人類と遭遇した動物の残骸を見ているような気分になった。

何千年ものあいだ、植物はトナカイの残骸をたらふく食べてきた。肉や骨から元素や化合物を吸収しては配列し直し、茎、雄しべ、雌しべ、葉っぱを形作ってきた。吸収しなかったものや役に立たないものは、塩分を含んだフィヨルドに染み出していった。こうしてフィヨルドに逃れた化合物は、潮汐周期や風に乗って自由に移動しながら大海原に達し、沈殿物やプランクトンやクジラのあいだを漂った。そしてあとには、水に溶けにくい骨の破片が残されたのである。

目を上げると、フィヨルドの灰色の海面を氷の塊が漂っている。水の上を氷が優雅に動く様子は、まるで月と太陽と海が振り付けたダンスを見ているようだった。

あなたは家や国を離れ、船を離れ、テントにいる仲間を離れ、「ちょっと出かけてくるが、しばらく時間がかかるかもしれない」と言い残していく。猛吹雪のはるか遠くに瞬いている光が、あなたを誘惑している。あなたは歩き続けたすえにある日、沈黙が支配する世界に足を踏み入れる。ここでは陸地は溶解し、海の水は蒸発し、未知の星々が瞬く夜空の下で氷が昇華している。ここは否定道のはずれ。この先には光のない世界が続き、知識は徐々に消滅し、知覚できる対象が欠如するなか、愛情は自分自身に向けられる。

アニー・ディラード

潮流——ゾディアックがうず潮にはまる

荒野が静まり返っているのは、音がないからではない。声はあちこちであがっているが、それを聞き取る器官が人間には欠けているからだ。広大なスペースでは、未来の可能性を断ち切られた生命がざわめいている。生きているものや死んだものの、活発に動き回るものや静かなものの声で満たされている。大昔、恐竜は周囲に反響する叫び声をあげ、三葉虫はガサガサ動き、翼竜は翼を広げ、ヒューッと音を立てて空を飛んだ。

私はテントを出て、誰かがコーヒーを淹れてくれたか確かめにいくが、あたりは静まり返り、一気に眠気が覚めた。ツンドラを少し歩いたところに設営されたキッチンテントは静謐に包まれ、私たちが使っている小さな四つのテントの頼りなさを思い知らされる。地面に身を寄せ合うように一時的に設営された小さなテントは、どれも弱々しくて不安定だ。柔らかいツンドラに数本のアルミニウムのピンを六インチ（一五センチメートル）ほど打ち込み、固定されているだけ。それを見ると、大自然のなかで私たちなどちっぽけな存在だと、思わずにはいられない。

身をかがめてキッチンテントの入口をくぐると、芳醇な香りに心は和んだ。カイはすでにコーヒーを準備していて、テントはかぐわしい香りで満たされている。数分後にはジョンもやって来て、これからの一日の計画を立て始めた。

キャンプから西に七マイル（一一・二キロメートル）離れたツネルトーク島には、まだ訪れていなかった。ここは剪断帯の北端と思われるので、この日の目的地に決定された。オートミールに粉ミルクと砂糖を少々加えたいつものメニューに、パン、クラッカー、チーズ、ジャムを少々加えた朝食をとりながら、この場所を詳しく知るためにはどの岬や入り江を目指せばよいか計画し、どれくらいの時間を要するか見当をつけた。衝突帯の形状の特徴を把握するためには、剪断帯の境界がどのようになっているか調査する必要がある。おおよその計画を立てると、ランチを準備して、ハンマーとコンパス、ＧＰＳユニット、サンプルバッグなど用具一式を集め、ゾディアックを固定している磯浜に向かった。

ジョンがボートを引き寄せて乗り込んだ。そのあとにカイが続くと、私は結んでいたロープを解いて、ゾディアックを海に押し出し、濡れたブーツのまま飛び乗った。船外機の紐を数回引っ張ると、ブルンという音と共に青い煙が吐き出され、海上を流れていく。ジョンはモーターをアイドリングにしたまま、ギアをバックにチェンジした。船はゆっくりバックしながら、フィヨルドに戻っていく。カイと私は、左右に分かれて船首に腰を下ろした。やがてジョンはすべてが順調だと判断すると、ギアをチェンジして、船をゆっくりとフィヨルドのなかにさらに前進させ、スロットルを開放した。エンジンはやかましい音を立てて息を吹き返した。

船が速度を上げると船首が沈み込み、水しぶきが飛んでくる。その水を払おうとすると、いまにも海面に手が触れそうになる。フィヨルドは鏡のように滑らかで、膨れ上がった波がデービス海峡から押し寄せてくる気配はない。私たちのあとを追いかけてくる水しぶきに太陽の光が当たり、朝の冷たい空気のなかで水は満天の星のようにキラキラ輝いている。カイと私は帽子を深くかぶり、襟を立て、アノラックのジッパーをあげて、ボートが生み出す風の影響を防いだ。

発見にはスリルが伴い、それはあらゆる感情空間に侵入してくるが、何よりも奥深いのは、発見の場に立ち会ったことに伴う不思議な感動である。岩と水と氷と生命から成る地形の印象は強烈で、そんな場所を訪れると、何と清らかに澄み切っているのかと深い感動を味わう。圧倒的な美しさが心に迫り、落ち着かない気分にさせられる。

有機化学物質と一握りの微量元素が生み出した生命構造から壮大な景色が創造され、見る者に感動を与えることが、どうして可能なのだろう。世界には美なるものがあって、それは大自然の荒野に存在していると生き物が気づくことには、どんな意味があるのだろうか。豊かで安全な場所にいるときには、気持ちを穏やかに保つほうが進化上の利点になることを理解するのは難しくない。でも生きていくのが過酷で、生き残るために戦わなければならない場所に放り出され、壮大な景色がどこまでも途切れなく続くと、深い畏敬の念と安らかさで心は満たされる。

アルフェルシオルフィク・フィヨルドの北に位置するツネルトーク島は、縦二〇マイル（三二キロメートル）、横四マイルで、東から西に先細っている。背後には、フィヨルドと入り江が格子のように入り組んだ構造が北と東に向かって四〇マイルにわたって続き、最後は陸氷に突き当たる。陸氷では、氷冠の下から大きな川が何本も現れ、氷が溶けた水をフィヨルドに大量に放出し、海の塩分を薄めている。引き潮のときには、静脈や動脈のように複雑に入り組んだ川の水がアルフェルシオルフィク・フィヨルドに一気に注ぎ、海を占領する。そして満潮時には流れが逆転し、今度はフィヨルドの水が流れ込んで内陸の河川に水を供給する。

このように水が作り上げた複雑な構造のなかで、島は障害物である。巨大で頑丈なボトルネックとして立ちはだかり、アルフェルシオルフィク・フィヨルドへの水の流出入を妨げる。そのため内海への水の出入りは、島の両側の狭い水路を通過するしかない。グリーンランドでは潮差が容易に二〇フィート（六メートル）まで達するので、潮の流れが最高潮に達すると、大量の水がものすごい音を立てながら、水路にどっと押し寄せてくる。

ジョンはトレードマークのベースボールキャップをかぶりサングラスをかけ、船外機のある右舷に座っている。速度を増すにつれて船首が沈み込むが、カイと私は船がバランスを失わないようにポジションを調整しながら、ゴムボートの左右の重さを釣り合わせた。救命スーツは袋に入れて、すぐ隣に押し込んである。風の強い日や海面が荒れ狂うときには、着用しなければならない。氷のように冷たい水を体じゅうに浴びたら、低体温症ですぐに死んでしまうからだ。でも今日は、鏡のように穏やかな水面は朝日を反射して輝き、波のうねりは小さく、風も穏やかなので、動きにくいスーツはしまっておけばよい。

突然、見えない壁に衝突したかのように、ボートはほぼ停止状態になり、左右に激しく揺れた。ジョンは前に投げ出され、モーターのハンドルを下ろした。プロペラが海中から飛び出し、エンジンの回転数を上げると金切り声をあげる。カイと私は舷側から放り出され、凍り付く海に投げ出されそうになるが、ポンツーンのハンドロープを摑んで何とかしのいだ。体勢を立て直そうとしても、床板に思いきり叩きつけられる。ボートは私たちを放り出そうとするかのように、前後左右に激しく揺れる。カイと私はショックを受け、大きく息を吸い込んでから元の場所まで這って戻り、ジョンのほうに視線を向けた。最初は、ジョンが私たちに悪ふざけしているのかと思ったが、そんなことはあり得ない。彼にはユーモアのセンスがあるが、私たちふたりを海に放り出す危険を冒すなんて、絶対に考えられない。カイと私は何とか体を落ち着かせようとするが、ボートが猛烈な勢いで揺れるので、左右に激しく放り出される。ジョンはエンジンの隣の定位置に四つん這いで戻ろうとしながら眉間に深いしわを寄せ、そのあいだも右舷にじっと目を凝らしている。何か異常事態が発生していることは間違いない。

ジョンは急いでエンジンの出力を落とすと、ツネルトーク島の東端で渡り始めたばかりの狭い水路の入口に船首を向けた。ボートが危機を脱すると、ジョンは船外機の出力を少し上げて、私たちふたりを見据え、厳しい表情でこう宣告した。

「潮流だよ」

カイと私は、ジョンが目を凝らしている方向を眺めた。水路の海面は、氾濫した川のように荒れ狂っている。潮の流れは速く、巨大な泡がいくつもボコボコと湧き上がり、すぐ近くに穏やかなフィヨルドが存在する証拠を打ち消そうとしている。私たちは、これ以上ないほど悪いタイミングでやって来た。引き潮が、ちょうどピークに達していたのだ。島の背後からフィヨルドに流れ込む水の勢いが最高潮に達し、激しい潮流と穏やかなフィヨルドの流れの境目に渦が発生したのだ。侵入する水と侵入される水の境界は大混乱に陥っていたが、そこに私たちは全速力で突っ込んだのである。

ジョンは慎重な動作で船首をやや東に向け、エンジンを吹かした。船は潮の流れに逆らって、ゆっくりと前進を始めた。ボートは浮き沈みして横滑りするが、最後は大きな揺れが収まった。それでも周囲では、水が大きく攪拌されている。

私たちはぎこちなく笑い、居ずまいを正した。それから私は、おそるおそるこう言った。「すごかったね」。すると「まだ終わらないよ」とカイにくぎを刺された。

カイと私は警戒を緩めず、サイドロープをしっかり握りながら座った。事態がまだ鎮まっていないことは理解しており、不安はあったものの、とにかく小さなボートが安定したのでほっとした。ジョンは船外機を巧みに操作して、潮流に翻弄されながらもボートを慎重に進めた。三人とも前方に目を向け、何かを探すかのように荒れ狂う海を眺めたが、探し物が何なのか教えてくれる手がかりはなかった。

ほどなく、まるでカーテンの後ろから登場してきたかのように、何やら恐ろしいものの存在が気になりだした。ずっと存在していたのは間違いないが、とにかく海に放り出されまいと必死だったので、それ以外のことは考えられなかったのだ。でも一息ついたので、心に余裕が生まれて危険を感じるようになったのである。

このとき私たちは、大きな雷鳴に震えあがった。空を見上げて積乱雲を探したが、雲はない。青空に綿雲がふわふわ浮かんでいるだけだ。しかし音はすさまじく、ドシンドシンと周囲に鳴り響いて収まる気配がない。

私たちのゾディアックは、ゴム製のポンツーンボートだ。船首が尖った形で、両側に舷側がある。左右の舷側のあいだには、空気を入れて膨らませた二本のクロスチューブが補強用に差し渡されているが、これはベンチの役目も果たしている。ゴム引き布の床の上には薄い板が留められているので、ボートは頑丈で安定感がある。ところがこの床から、雷鳴のような音は伝わってきた。

すぐに、音の発生源は巨大なボルダーだとわかった。猛烈な潮の流れが堅い岸壁とフィヨルドの海底に渦を巻きながら衝突し、岩盤を形成する片麻岩や片岩を浸食し、水中の秘密の景観に変化を引き起こしているのだった。雷鳴のような轟きは何度も海中から伝わり、私たちの小さなボートを通過して冷たい大気に上昇していく。私たちは顔を見合わせてから渦巻く水を眺め、音に耳を傾け、小さくかがみ込んだ。ジョンがエンジンの回転数を少し上げると、船は海岸に近づき、そのあとは慎重に、海岸のすぐ近くを航行した。

自分たちの行動が招いた結果のおかげで、私たちはとても太刀打ちできない力が創造した世界に突っ込んで翻弄され、九死に一生を得た。もしもボートから放り出されていたら、潮に流されて即死だっただろう。潮の流れが生み出す轟音は、オーケストラの演奏のクライマックスのように、重要な事実を改めて強調した。ここでは、生きるか死ぬかは偶然に左右される。

私たちのボートが浮かぶ水のなかでは、かつては海を囲む岩の一部だった原子が、水に襲われたボルダーの表面からそぎ落とされて海に放り出され、潮の流れに乗って自由に漂流している。そしてシンプルな熱力学の法則に基づいて、原子は他の原子と会話を交わすかのように相互作用を行なう。その結果、風に吹き飛ばされてきたほこり、星間微粒子、腐敗が進む動物の屍体、枯れた植物の原子と混じり合う。その会話は、私たちには理解することも知覚することもできない。でも、このような会話から進化の産物として統一体が誕生し、その統一体が、生命体や化学的沈積物、単純な溶質分子を作り出していく。あるときは深く潜り、あるときは海面に上昇して蒸発する。そしてヒマラヤの高地に雪を降らせ、ガンジス川を雨季に氾濫させ、時には私たち人間の一部を構成する。

背後で潮流が生み出す轟音を聞きながら、私たちは先へと進んだ。何カ所かの小さな岬を周回し、小さな入り江を横断し、むき出しになっている露頭を探した。手ごろな露頭が見つかったら、歩き回って成り立ちの解明に取り組みたい。私たちが足を踏み入れている世界は、まだ科学の手がほとんど入っていなかった。ここに何があるかについては、現時点では漠然としたアイデアしか存在しない。やがて五〇ヤード（四五メートル）先の小さな入り江の向こうの岩肌に注目し、じっくり観察した。波打ち際から始まり、およそ一〇〇フィート（三〇メートル）内陸まで伸びて、浸食が進むツンドラの土壌まで達している。私たちは大いに興味をそそられ、すぐにボートを下りると、興奮しながら露頭を目指した。

露頭の周辺の岩石は印象的なパターンを刻んでいる。私たちは視線をさまよわせながら、信じられないと驚嘆の声を連発した。視線の先にはうねるように折り畳まれた地層が長く伸びており、ピンク、白、灰色、黄褐色、黒の縞模様が、あるものは一インチ（二・五センチメートル）よりも薄く、あるものは数フィートの厚さで積み重なっている。岩盤は、かつてはバターのように柔らかかったような印象を受ける。まるで、何者にも邪魔されない自由な芸術活動の成果を見せられている気分だ。もしかしたら誰か天才的な芸術家がリズムに乗って、流動性に富む岩を媒体に使いながら、情熱の赴くままに創作を行なったのではないか。一歩踏み出すたびに、思わず立ち止まる。足のまわりには、異なる形状や色のパターンがかならず展開しているのだ。私たちは四つん這いになって前進しながら、この場所の意味や歴史を理解しようと努めた。科学的見地からは、ここは宝物で、美的見地からは傑作である。私たちの量的世界が幽玄な世界にすんなり巻き込まれて溶解し、ダリの作品のような流体が出来上がっている。もはや私たちの行動は、いっさいの制約を受けない。心に思い浮かぶものが、ここにはすべて存在している。

あとからわかったのだが、これはその地域で最も古い岩石で、地球最古の大陸の名残だった。ラボで何カ月も分析したすえに、三三億年以上も昔に形成されたことがわかった。数十億年も昔に海盆が存在していた証拠が、そこには残されている。当時の生命は単細胞生物だけで、それが海のなかを自由に漂っていた。僅かな陸地には風に運ばれた砂が堆積し、完全に不毛の地だった。私たちは造山活動に関連していたと思われる海を調査するためにこの地を訪れたが、この海はそれよりもはるかに古い。黒い地層は、かつては溶岩だった。海の水が干上がった後、おそらくかなりの時間が経過してから、溶岩は大昔の海の堆積物のなかに侵入して結晶形態を変化させた。それから地中深くで高温で熱せられ、圧縮され、その結果として出来上がった地層は、何億年もかけて進行した謎の造山活動のあいだに何度も折り畳まれて変形し、周囲の岩体に貫入した。そして最終的に、過去数千万年のどこかの時点で地表に再び姿を現し、新しい海の海岸線を形成し、さらなる変化の訪れを待ちながら、私たちが踏みしめるブーツを下から支えているのだ。実際、それは私たちが探している剪断帯の北限だった。衝突したふたつの大陸の一方の先端だったのである。

この発見の後、ジョンとカイと私はその岬を数回訪れた。観察者としての訓練を積んで目が肥えている私たちは、全体像やそのなかの小さな要素についての細かい情報を手に入れるため、事実や手がかりを探し求めた。複雑なパターンや色や構造で表現された連綿と続く歴史を知るために、記録をつけてサンプルを集めた。鉱物の配向を測定し、話し合いや推論を重ねた。しかし、どんなに注意深くメモを取り、位置を測定し、パターンや鉱物の性質や構造を調べても、訪れるたびに新しい発見があった。三回目や四回目に露頭を眺めても、それまで気づかなかったものが見つかった。

あらゆる景観は未来の地形を形成する。私たちが訪れている瞬間にも、ここには自然の巨大な力が働いている。自然の力が後押しするプロセスに私たちは、あの狭くて恐ろしい潮流に突っ込んだボルダーのように巻き込まれている。

時計じかけの小石——巨大な斜方輝石の堆積物を発見する

私たち三人は何日もかけて何マイルも踏破しながら、情報の断片を集めた。鉱物の配向、平面の走向、層状貫入岩体の鉱物的特徴を測定したうえで、サンプルを集めてメモを取り、またほとんど知られていない事柄の理解に役立てようとした。肉眼も拡大鏡もコンパスもツールとしては頼りない。複数の要素をつなぎ合わせてストーリーを完成させるためには、ラボでの分析結果を待たなければならない。それでも、現場での観察からは第一印象と多少の真実、さらに洞察のきっかけが得られる。そして夜になればいつも、膝を交えて話し合った。山あり谷ありの愉快な私生活や、科学を追求する経験など、話題はあちこちに飛んだ。

そしてこの日は、かすかな満足感が漂っていた。剪断帯は単なる「ストレートベルト」ではなく、マスムーブメント［訳注／斜面上の物質が重力によって下のほうに移動する現象］が発生したゾーンであり、大昔にふたつの大陸が接近して形成された収束境界の特徴を備えているという結論に達したのだ。

私はキッチンテントから外に出ると、ツンドラに覆われたベンチの縁にある小さな浜辺に向かった。

テントと境界を接する小さな崖を軽快に下りて、波打ち際まで歩きながら、先ほどまでの会話についてじっくり考えた。

この短い浜辺には丸石や小さな玉石が転がり、砂はあまりない。私の右手には、長さ一〇フィート（三メートル）ほどの小さな岩稜が海岸線と平行に走り、いまは水中から六フィート（一・八メートル）顔を覗かせている。ちょうど潮が満ちて、岩稜は沈み始めている。小さな三角波が海岸に打ち寄せるが、岩の障害物のところだけは一瞬激しくぶつかってから迂回して、浜辺の小石を運び去っていく。

私はこの障害物の後ろの安全な水たまりまで歩き、波打ち際に立ってフィヨルドの向こうを眺めた。頭上には雲が流れ、あらゆるものが薄暗い。黄昏時、遠くの海岸は何の変哲もなく、海の向こうに浮かぶ黒い物体にしか見えない。物思いにふけりながら立っていると、いつの間にか満ち潮と小さな波が足元まで迫り、白く泡立つ水でブーツは濡れた。私は急いで後ろに下がろうとして、すり減った石をガリガリと踏んづけた。そのため、小石が小さく盛り上がった部分とへこんだ部分が移動したあとに残り、私が立っていた場所の目印が偶然出来上がった。

押し寄せる波が好むなだらかな斜面に、こうして目障りな新しい地形が作られた。でも、この邪魔な小石の山は、あっという間に海水に襲われて崩れ去り、私がいたスペースは再び平らになった。私が不注意に残した痕跡を波が洗い流すと、浜辺はゆっくりと本来の姿を取り戻し、一見すると均衡状態が復活した。数分もすると、人間が侵入した証拠はほとんどかき消された。

寒さは厳しく、立っているのは快適ではなかったが、この場所から感じる何かが私を引き留めた。私はパーカーの襟を立てて浜辺を見下ろした。

浜辺に転がっている石は片麻岩や片岩のかけらで、私たちが調査している露頭から風雨にさらされて剝がれ落ち、浸食作用が進行し、すりつぶされた結果、平らで滑らかな長方形になった。ほとんどは濃い灰色で、特徴がなくて見分けがつかない。

小石はフィヨルドから、さらにその先の潮間帯にまで進出している。水が澄み切っているので、海の深い部分まで覗き込むことができるが、深くなるにつれて光は次第に弱くなり、海底の小石はぼやけていく。小石がいきなり消滅する境界線は存在しない。徐々に形が不明瞭になり、最後は水に溶けたように消滅する。

小さな灰色の平たい小石を私は観察した。小さな角がちょっと突き出し、たくさんの石のなかで少し目立つ。さざ波が海岸に押し寄せ、浜辺一面に水が広がると、この小石は水に沈んだ。波がフィヨルドに一気にザーッと入り込むと、水は渦巻き白い泡となり、混乱状態のなかで小石はひっくり返る。ひとつの波とひとつの小石のせめぎ合いが、メトロノームのような規則正しいテンポで新たな時を刻んでゆく。

髪の毛が焦げたような臭いのする石を発見した日、私たちはあることに気づいたものの、その意味を十分に理解しなかった。しかし、いま浜辺で回転する小石によって、その時の記憶が呼び起こされた。

石を収集し、夕方になってキャンプへの帰路についているとき、海岸で何かがまぶしく光り、私たちの目に留まった。数百ヤード向こう、満潮線よりも六フィート（一八〇センチメートル）高いところで不思議な光が反射している。

ジョンはボートの向きを変え、進路をゆっくり逆戻りして、私たちは閃光が再びきらめくのを待ち構えた。そしてようやく光が見えると、発信源を特定してボートを進めた。そこに浜辺はなく、巨大な尖ったボルダーが転がっているだけ。どれも、フィヨルドの端にそびえる高さ三〇フィート（九メートル）の絶壁から転がり落ちたものだ。海岸に沿ってゆっくり西へ移動すると、ジョンは船外機をアイドリングさせて、ようやく上陸できそうな小さな砂だまりを見つけた。

ゾディアックを浜に引き上げたが、潮位が上昇中で時間はほとんど残されていないとジョンから警告された。

私たちはハンマーを持ってボートから飛び降り、複数のボルダーにロープをしっかり結び付けてボートを固定した。露頭まではかなりの距離があり、足場の悪い崖錐を急いでよじ登った。そして慎重に歩を進めながらもゾディアックのほうを振り返り、流されていないことを確認した。

露頭は地味な濃い黄緑色で、完璧に平らな岩肌に光が反射していた。ガラスのような光沢の岩肌は、縦が一フィート（三〇センチメートル）以上、横が八インチ（二〇センチメートル）。頭をあちこち動かして視点を変えてみると、反射しているのは太陽の光だけでないことがわかった。平行に並ぶ複数の波状の縞模様も反射している。全体が巨大な結晶になっていて、結晶構造が少しずつ異なる双晶（「ツイン」と呼ばれる）を含む劈開面《へきかいめん》［訳注／岩石などの結晶面に平行して割れた面］が、反射面になっていたのだ。結晶のまわりは、一インチ（二・五センチメートル）にも満たない白い縁で囲まれている。よく注意して観察すると、巨大な結晶は何百もあって、どれも周囲を白く縁取られ、レンガのように積み重なっていることがすぐにわかった。私たちは驚きと興奮を隠せなかった。露頭は巨大な斜方輝石の結晶が堆積したもので、かねてより存在が仮定されてきたが、まだ発見されたことはなかった。

マントルから様々な溶解物が上昇して放出されると、主にそこから大陸は最初に形成される。溶解物の一部は、どんな地殻が存在しようとも貫通し、形成途上の大陸の表面に流出することができる。しかしなかには、粘度が大きすぎたり密度が高すぎたりして、下から上昇して地殻の基底に突き当たると貫通できない溶解物もある。こうして普通は大陸の基底に閉じ込められていると思われる溶解物は、その一方で大陸の進化に広く関わっており、斜長岩と呼ばれる。形成が進む大陸の底に閉じ込められた液体は、何千年、いや何百万年もかけてゆっくりと冷却する。この徐々に進行する冷却プロセスでマグマが次第に固まると、結晶が形成される。こうして新しく形成された鉱物は徐々に成長し、マグマ溜まりの底に沈降し、どんどん積み重なっていく。巨大な斜方輝石の堆積物は、このようなプロセスを経て形成されたと仮定されてきた。巨大な斜方輝石の結晶はすでに世界各地の斜長岩のなかで発見されているが、冷却が進むマグマ溜まりの底で形成された巨大な斜方輝石の堆積物が現存していることは知られていなかった。ところが私たちは、まさにそんな事例を発見したのだ。薄くて白い縁取りは、巨大な斜方輝石が積み重なるとき、斜長岩の溶解物が閉じ込められた痕跡だと考えられる。

私たちは堆積物をたどって形状を確認しようとしたが、何フィートにもおよぶ剪断帯にぶつかった。そこで方向を変えるが、やはり同じだった。そこで何が剪断されたのか詳しく調べると、巨大な結晶が細かくすりつぶされた残余物であることがわかった。巨大な斜方輝石の堆積物は、最初に形成されたときはおそらく何マイルも伸びていたと思われるが、次第にすり減って、いまは菱形の面を持つ小さな岩石が数フィートにわたって連なる帯ができあがったのだ。急いで測定してサンプルを集めると、ボートまで慌てて戻った。潮位はどんどん上昇し、満潮線に達するのは時間の問題だった。

私たちは二度その場所に戻り、この小さな露頭の重要性を明らかにするために十分な観察を行ない、サンプルを採取した。最終的には何時間にもおよぶラボでの研究のすえ、この巨大な結晶は二八億年以上も昔、地下二〇マイル（三二キロメートル）以上の深さのマグマ溜まりの底で形成されたことを突き止めた。マグマの結晶化によって巨大な結晶が創造されるプロセスは、私たちが仮定している大陸の衝突を通じて繰り返され、結晶は形を変え、新しい陸塊を構成する要素になったのである。

運動量の伝達が起きると僅かな熱が冷たい原子に奪われ、異なる質量のあいだで力学が働く。この現象をまとめた方程式が現実であることは、潮の勢いでひっくり返った小石や、剪断され堆積した岩石の小さな細長い破片が何よりの証拠だ。自然のシンプルなメッセージには実に豊かな意味が込められている。私は感動し、深い畏敬の念を抱いた。

カイとジョンと私はラボに戻ったら、観察結果や収集したデータを方程式に当てはめ、今回の調査で目にした事柄の大半について説明するつもりだ。そうすれば、これらの岩石の歴史の詳細について客観的に伝えられる。

でも私たちが定量化して伝える現実には、解析結果以上の意味がある。数式を使えば、質量分析計に集められたデータから、今回集めたサンプルの年代が計算される。一世紀前に誕生した原子物理学に由来する数式はタイムマシンとなり、想像力を掻き立て過去への扉を開いてくれるので、地球の表面がどのようなペースで進化したのか理解する手がかりが得られる。他にも数式を利用すれば、数十億年前の地球を覆っていた海洋や大気の化学組成を算出し、むき出しの岩から始まり最後は人間に心が生まれるまでの進化の過程を垣間見ることもできる。

同じような方程式によれば、宇宙は光に満たされ、光はとてつもない規模のエネルギーを放出している。動物の視界は有機分子の能力によって制約されるので、光スペクトルのごく一部だけを吸収して反応する。私たちの目に入るものは、実際に存在するものの輪郭の残像ですらない。

もはや私は、カンゲルルススアークで飛行機を降りたときとは別人になっていた。それまで不変だと確信していたもの――世界はどんな場所で、現実や知識は何から構成されるのか――は、実はこうして生きているあいだにも進化していることを理解できるようになった。

文化があふれかえる世界から切り離されてみると、物事を判断して行動を起こし、山のように押し寄せる意見や情報に絶えず反応する必要がなくなる。物事の正邪を見極めるために苦労する必要もない。なぜなら、この過酷な野生のスペースには、判断の余地などない。ただそこにいることしかできない。

ジョンやカイともっと話をするためキッチンテントに戻ると、起伏の激しいこの場所のはかなさを改めて思い知らされた。私たちのテントから少ししか離れていないフィヨルドの端の小さな絶壁は、どんどん浸食作用が進んでいる。かつての景観は消滅し、まだ残っているのは、ふもとに小さな城壁のように積みあがったボルダーだけだ。そして私たちがキャンプを設営して歩き回れば、踏み固められた道ができあがる。でも、フィヨルドの向こうに見える小さな氷原は、私たちがここに来てから数週間ですでに形状を変えて収縮している。だから私たちが荒野に存在していた証拠など、私たちがいなくなって数カ月もすればかき消されるだろう。小さな波が私のブーツの痕を跡形もなくぬぐい去ったように。

氷――氷壁・氷山・氷の結晶

アルフェルシオルフィク・フィヨルドは、ほぼ一〇〇マイル（一六〇キロメートル）にわたってデービス海峡から氷崖まで切り込んでいる。アルフェルシオルフィクは「クジラの住む場所」という意味だが、説明してくれる相手によって意味は多少異なる。ある年に私たちの現地調査に付き添ってくれたグリーンランド先住民によれば、このフィヨルドの河口は冬のあいだ氷結しないので、クジラが呼吸できることが名前の由来だという。

このフィヨルドの東端は氷山から分離した氷が海面をふさいでいるので、到達するのが難しい。でも今年は気温が高く、夏の訪れが早かった。そしてフィヨルドの東端はかねてより調査してみたい場所だったので、私たちは遠征することに決めた。何年か前には地質学者のグループが訪れ、あわただしく偵察した結果を地図に残していた。その地図によれば、そこではマグマ溜まりの残骸が発見される可能性があり、本当に発見されれば、大昔そこに火山系が存在していた証拠がはじめて手に入る。これは訪れないわけにはいかない。

地図の作成やサンプル採取のためにあちこち立ち寄ると一日が長くなりそうだったので、朝食を早めにすませ、あわただしく出発した。日差しは強いけれども静かな朝で、海面は小さくリズミカルに膨らみながら緩やかに波打っている。

海岸沿いにボートを進めながら、調査を行ない記録をとるために上陸を繰り返した。一部はあらかじめ予定されていた場所で、データが残されているふたつの地点のあいだに何があるのか、確かめてみたい願望に促されて選ばれた。しかし多くの場所は、露頭の色やパターンに思いがけず不思議な特徴を見つけると、その場で立ち寄ることが決定された。いつもと同様、立ち寄るたびに何か新しいことが明らかになった。こうした些細な発見の繰り返しによって小さな洞察が積み重なると、地質構造にまつわるストーリーは充実していくのだ。今回は、大きな衝上断層が波打ち際まで達している場所を見つけた。このように層理が乱れている地点では、地層の削剝やずれが数百万年かけて進行し、大きな地震が何千回も発生したと考えられる。他には、鮮やかな青色のトルマリンが、かつては溶岩だった白くて分厚いレンズ状［訳注／地層の端が凸レンズの末端のように薄くなっている状態］節理の地層を美しく彩っている場所もあった。これは、大昔の海に存在していたホウ素などの元素が、ふたつのプレートが衝突した際に、結晶内に取り込まれたことを証明している。私たちは科学者としての幸運に恵まれて満足だった。これまでのところ新しい発見はいずれも、長い時間をかけて地層がすりつぶされ大きく変形したというストーリーとの矛盾がなかった。

うららかな日和に恵まれ、小さな発見の数々がもたらす喜びに浸りながら、なだらかな丘陵や小さな崖を通り過ぎていくと、あらゆるものが幻想的な雰囲気を漂わせているので、まるで田園地帯の海岸線に沿って移動している気分になった。つぎに曲がると、切妻造の白い宿屋が現れるような錯覚にも陥る。ここではどんなに小さな石も草も、魔法をかけられたように現実離れしている。

しかし岬をぐるりと回ってフィヨルドに目を向けると、いまは地質調査が目的だという現実に引き戻された。数マイル前方には、高さ数百フィートの切り立った絶壁の岩肌が、薄いピンク色に明るく輝いている。これまで見てきたものとはまったく対照的で、すっかり驚かされた。絶壁の頂上の部分は、この地域特有の暗灰色の母岩で、すでに見慣れている。ところがその下の部分は、灰色の岩肌に色の薄い岩石が糸や指や太い静脈のように走り、パッチワークを施したようだ。縦は数百フィート、横は何十フィートにわたる暗灰色の岩塊が、薄いピンク色の壁に閉じ込められている。これは捕獲岩［訳注／マグマが上昇してくる途中に取り込まれた岩石］の典型的な事例だ。私たちは、大きく貫入した花崗岩の先端が、浸食して形成された地形を偶然見つけたのだ。これだけ完全に露出したものは、滅多に観察できる機会がない。いま目の前にあるのは、大きなマグマ溜まりの浅部なのだ。

覆いかぶさっていた周辺の母岩が粉砕し、その岩片がマグマ溜まりの底に沈殿した結果、残されたスペースをマグマ体が岩片を取り込みながら上昇するところが理想化された地質図は、三人とも見た経験があった。でも、今回の事例はとてつもなくスケールが大きい。三人ともこれまでのキャリアで、こんなものは見たことがない。

ジョンはボートの速度を上げ、数分で絶壁の西端にゾディアックを岸につけた。花崗岩と、花崗岩に取り込まれた母岩が作り上げる幾何学模様のパターンは何と美しいのだろう。貫入した花崗岩は、ごく小さなピンク色のザクロ石の完璧な斑晶［訳注／斑状組織の火成岩で、細粒やガラス質の石基中に見られる大きな結晶］を内包している。取り込まれた岩の塊は真っ黒な縁取りを形成している。さらに、花崗岩のなかでは淡褐色と黒の雲母が輝き、白と黒の鉱物が全体を静脈のように横切っている。

その昔、大陸同士が衝突した直後にマグマ溜まりの浅部が地殻をゆっくり上昇し始めたが、いま私たちは、まさにその上を歩いている。大陸同士の衝突をきっかけに地球の奥深くまで押し込まれた岩石は、融点を超えるまで熱せられた結果、マグマに変化した。その後、マグマが蓄積されたマグマ溜まりは、母岩のなかを通ってゆっくり上昇した。そして上昇しながら、温度の低い周囲の岩石に熱を奪われ、最終的に凍結した。それから二〇億年ちかくかけて上昇し続け、浸食作用が進んだ結果、太陽のもとに姿を現し、それを私たちはブーツで踏みしめているのだ。

昼食の時間になったのでサンプルをまとめ、実際に氷崖を調査できる場所を求めてしばらく東へ向かった。ところが巨大な氷壁までおよそ半マイル（八〇〇メートル）まで迫ると、不透明なフィヨルドの水にシルトが目立ち始めた。このように水が濁っている状況では、水深数インチのところに水飽和した泥の浅瀬が隠れているときがある。そんなところに突っ込めば、フィヨルドの真ん中で立ち往生し、ゾディアックを引き上げられない可能性が現実味を帯びてくる。予防策として、ジョンは大きく舵を切って北の海岸を目指し、そこに上陸することにした。

私たちは草が茂った小さな岩棚を見つけ、そこに落ち着いて昼食を食べながら氷を観察した。氷まては距離があるが、眺めは最高だ。水面に落下した氷塊が下の部分に密集しているのは、氷瀑と雪崩が長いあいだ繰り返されてきた証拠だ。この混乱状態のなかから、小さな氷塊が高潮に流され、私たちの目の前の海を様々な形の氷がのらりくらりと漂っていく。いたるところにカモメがいて、凍えるような水のなかでプカプカ浮かんでいる。時々、そのなかの一羽が水を離れて氷塊に乗っかり、フィヨルドまで私たちの水先案内を務めたかと思うと、その役目を放棄して、再び水に浮かぶ。しかも、たくさんのカモメが同じことを繰り返している。私たちの気を引いて餌をもらうつもりなのか、ただ楽しんでいるだけなのか、定かではない。

私はずっと、氷山に乗るのはどんな気分だろうと考えてきた。表面はどんな様子で、どれだけ浮力があり、どんな感触なのか。私はその思いをカイとジョンに伝え、どうすべきか話し合った。そして最終的に、少し時間を取って、近くを漂う氷塊のひとつに私を上陸させてくれることになった。

昼食を食べ終わると荷物をまとめた。

ところが出発する前、ジョンがバックパックに手を突っ込んでカメラを取り出した。そしてカメラを私に渡すと、氷を背景にして写真を撮ってくれないかとおそるおそる訊ねてから、みんなが腰を下ろしている小さなベンチの端まで歩いていった。後ろでは、どっしりとしたグリーンランドの氷床が、正午の太陽の光を浴びて白く輝いている。ジョンは背筋をピンと伸ばし、頭を少し後ろにそらせ、両手をズボンのポケットに突っ込み、氷のほうに少し顔を向けると、「さあ！」と合図を送った。

私たちは順番にポーズをとった。

それからボートでフィヨルドに乗り出し、氷塊のひとつを目指した。それは縦が一〇フィート（三メートル）、横が五フィートの塊だった。小さな塊は水際が溶けだし、縁がギザギザに波打っている。見上げると狭い岩棚が張り出し、まわりを囲む氷壁や氷柱や氷丘は繊細な彫刻のようだ。ここはまるで、抽象的な作品を集めて意図的に作られた彫刻庭園で、目には見えないけれどもゆっくり溶け続けている。

私は上陸できるか確かめるため、ボートを近づけてほしいとジョンに頼んだ。彼はゾディアックを静かに氷の縁まで進めると、横付けしようとした。

太陽の下で輝く表面は、小さな氷の結晶が網の目状に張り巡らされ、透明で繊細な印象を受ける。私は慎重にゾディアックのポンツーンに乗っかると、小さな氷塊に足を置いてみた。するとブーツの重みで網の目状の結晶が崩れ、たちまち氷は回転し始め、ボートにドンとぶつかった。氷は驚くほど絶妙にバランスを取っていたのだ。水面下はどのような形状なのかわからず、氷が勢いよくぶつかったらボートが転覆するかもしれなかったので、すぐに離れると、氷塊は何事もなかったかのように漂っていった。

そのあとはフィヨルドの南側で時間を過ごしてから、キャンプへの帰路についた。向かい風が吹き始めたので、海が波立ちボートの進みは遅くなった。


氷は地球で永久不変の存在ではないが、雪が積もって氷原になり、氷山が崩壊して巨大な氷壁が出来上がり、姿を大きく変えていく。しかも氷は、形状を変化させるだけではない。氷は光を屈折させ、自らの声を使って音を出し、触れられると反応を示す。様々な経験から成る別世界であり、豊かで味わい深い。私はそれを何年も前に別の場所で学んだ。そこはグリーンランドのなかでも水際ではなく、どのフィヨルドからも数マイル離れた内陸部で、氷床が陸地に伸びていた。そのため、他の場所よりも氷を身近に経験できた。ある意味、氷と岩石の区別は厳密ではなく、その経験から意外な事実を学んだ。

そこはカンゲルルススアークから東に数マイル離れた場所で、私は数人の研究者仲間と一緒に古い軍用トラックに乗り込み、曲がりくねった道なき道を進んだ。やがてトラックを止めた小さな丘からは、数分も歩くと氷床のはずれに達する。目の前の地面はおよそ三〇フィート（九メートル）にわたり、ツンドラの植物群系に覆われている。その先は数年前に氷が前進し、ツンドラの土壌と植物を削り取ってから後退したため、岩肌がむき出しになっている。こうして何千年も繰り返し氷に削られ磨かれた岩肌は、艶やかな光沢があった。

私たちは、氷冠に形成されたローブ状の丸みを帯びた地形の南端にいた。右手には、岩石や土砂が五〇フィート（一五メートル）以上も積みあがったモレーン［訳注／氷河の末端部にできる岩や石の堆積］が氷の先端に沿って何マイルも続き、氷と隣り合っている。かつて氷が陸地を移動したとき、モレーンはできあがった。しかし気候が変化して温暖化が進むと、氷は溶け始め、いまでは氷とモレーンはかろうじて接触する程度だ。

私たちの真正面には巨大な氷の円形劇場が広がり、落下してきた氷塊が乱雑に転がっている。左手には、数百ヤード離れた場所に大きな氷壁があって、円形劇場はそこで終わっている。ここには、巨大な氷の洞窟がある。洞窟は数百フィートにわたって氷のなかを伸びているが、深いところは真っ暗なので、正確な距離はわからない。四分の一マイル（四〇〇メートル）か、それ以上かもしれない。洞窟のなかには、高さが少なくとも四〇フィート（一二メートル）の滝があって、そこから水を供給された川が、下に転がっている氷塊に勢いよく流れ落ちている。洞窟を出発点とする川は、私たちの目の前の氷壁のふもとに沿って流れているので、岩と氷のあいだに絶えず水の境界が出来上がっている。

ガラガラという低い音、ポキッと何かが折れる音、ポンとはじける音、ドーンと繰り返される反響音が氷の先端から聞こえてくる。そこで音の正体を突き止めようと、私は近くまで歩いた。そこは音のない白い世界だと想像していたのだが、様々な音が集まった不協和音を氷壁が奏でていた。青白い氷、そして白い表面にリボンのように広がる茶色い筋が、驚くほど複雑なパターンを作り上げている場所を通して、不協和音は響いてくる。

ここの氷壁は、東に数百マイル離れた場所に、何千年も前に空から降ってきた水で作られた。地中に埋もれて圧縮された水は結晶化して氷になり、氷床の底の近くまで沈み込むと、岩盤から岩石の破片を削り落として細かく粉砕した。氷は一年に数インチずつゆっくりと移動し続け、いまは私の目の前に絶壁として姿を現しているが、太陽の光が当たると水の分子は解放され、まもなく川となって海に流れ、同じサイクルが繰り返される。ドーンという反響音、ポキッと何かが折れた音、ポンとはじける音は、氷が陸の表面をこすって移動しながら、クレバスや亀裂のなかに落下して、水の分子が解放されるプロセスに伴うものだった。

私たちは、天然の円形劇場に沿ってしばらく歩き始めた。氷塊が転がっているところは混乱状態なので、とても歩くことはできない。氷塊はこぶし大のものもあれば、家屋ほどのサイズのものもあるが、どれも角が尖り、無秩序に並んでいるので、足元が不安定だ。私は同行している研究者のひとりのほうを向いて、氷瀑を見てみたいと話しかけようとしたが、ちょうどそのとき、円形劇場の後ろから、何かが割れるような大きな音が氷の景色全体に鳴り響いた。

ほとんど気づかないほどゆっくりと、氷壁の大きな断面が移動し始めていたのだ。最初は表面が僅かに移動したのだろうか、いくつかの小さな破片が絶壁を急降下していった。驚きや恐怖にとらわれると、時間の進み方が遅く感じられるときがあるが、このときもそんな印象を受けた。

つぎに壁に亀裂が入り、いくつもの破片が急降下して円形劇場全体に広がっていく。その様子を何秒間も眺めていたように感じたが、おそらくはほんの一瞬だっただろう。氷は爆音を轟かせ、下のほうで乱雑に転がっている氷塊と衝突し、あちこちに飛び散った。跳ね返ってから、すでに崩壊して山積みになっている氷塊のなかに突っ込むものもあれば、破片と衝突し、氷の先端から飛び出していくものもある。野球のボール大の破片がいくつか私たちめがけて飛んできて、川に着地した後、周囲の滑らかな地面にぶつかって砕けた。やがてドラマは呆気なく終わり、落下に伴う轟音も消えた。まるで夕方の風に運ばれてきた霧のように、アイスダストが空中を漂っている。そして従来の景色に多少の変化が加えられたすえ、もとの静けさが戻ってきた。

砕けた氷が、輝く宝石のようにあたり一面に広がっている。私は氷塊がまとまっているところまで歩き、ひとつ拾い上げた。それは凍結氷の単結晶で、大きさはピンポン玉ほどで、表面は緩やかなカーブを描きながら平面が不規則に組み合わされ、まるで魔法の宝石のようだ。完璧に透明で、細かい気泡がずらりと連なっている。そして、液体の水のごく薄い膜が、不規則に組み合わされた平面を覆っている。私は透明な塊を氷壁に近づけ、レンズのようにその塊を通して氷壁を眺め、何て澄みきっているのかと強烈な印象を受けた。

つぎに私は氷を手のひらに乗せると、あらゆる角度から観察した。液体の表面は滑らかで、味わってほしいと懇願しているようだ。私は口に含んでみた。

最初に冷たさを感じた。つぎに透明な氷からは、ほぼ予想通りの印象が伝わってきた。清潔感と爽快感があり、口当たりがよく、含んでいるうちに気持ちが落ち着いてくる。そして意外にも、匂いが感じられた。息を吸い込むと、広い空と澄んだ空気と大地の匂いがたちまち口いっぱいに広がった。私は氷を口から取り出すと、別の結晶を拾い、鼻に近づけて匂いを嗅いだ。確実に漂ってくるかすかな匂いは、何か根本的なもの、いうなれば本質そのものを表現しているように感じられた。火打石や岩石、砂利で覆われた川岸、そしてかすかなカビ臭さが連想される。それは、石が転がる湿原の過去の経験に深く根差したものだ。私は空気を吸い込んで印象を摑もうとしたが、具体化したと思った途端に消滅した。

嗅覚は脳の神経回路に深く埋め込まれている。嗅覚器官が嗅球にメッセージを伝えると、そこから伝達される情報は認知的体験として潜在意識の一部になる。生物種ごとに特徴はあるが、この回路の配線はほとんどの動物でおおよそ似通っている。匂いの回路は、進化の初期に完成したようで、実際に何億年ものあいだ生き物を誘導してきた。このような進化からは、その一環として教訓を学べるだろうか。良し悪しはともかく、特定の匂いは特定の可能性を示唆するので、行動に影響をおよぼすものだろうか。そのような感受性は、生存に役立つものとして選ばれ、未来の世代に受け継がれるのだろうか。そして人間にとっての教訓のひとつが、氷の匂いとそこに込められた意味だという可能性はないだろうか。おそらく氷の匂いには、何らかの知識が含まれているのではないか。危険な氷瀑、食料となる毛むくじゃらのマンモス、魚やベリー、厄介な蚊の大群を暗示しているのではないか。

私は、氷壁が石器時代にそびえている世界を想像した。氷河時代のハンターは動物を追跡し、原始の世界で食料を探し求めた。仲間たちと一緒に、私が立っているところとよく似た場所を歩き回り、氷や陸地の特徴から情報を読み取り、危険を知覚して、不毛の地のどこにトナカイやマンモス、ジャコウウシやキツネがいるのか感じ取った。風や湿気や寒さをしのいで夜を過ごせる絶好の場所を見つけても、私には理解のおよばない不便な状況を耐え忍んだのだろう。旅の途中で植物を集め、住居を作るのにふさわしい石を集めただろう。そして、とっくの昔に忘れられた言葉を話したことだろう。

それは、地球が何の装飾も施されていない時代だった。荒々しい陸地と生命が、何の制約もなく広がっている世界を人間は歩き回り、時間は重要ではなかった。

アザラシ——狩り、食す

科学の追求は発掘作業のようなものだ。調査を通じて得られた洞察からは、過去に積み重ねられてきた思いがけない歴史の数々が明らかにされる。その内容は、おそらく私たちの想像以上に豊かなものだ。

私たちは三回目の遠征の後、剪断帯について疑う余地のない結論に達した。すなわちこれは、ふたつの大陸が衝突した部分の北端が切り裂かれた傷跡であり、剪断帯の形成は、造山運動のドラマのフィナーレを飾る地殻変動上の大きな出来事だった。傷跡は、かつての研究者が主張したように、大陸の移動によって残されたものだ。最近の地質図や刊行物では、ここはストレートベルトと呼ばれてきたが、カイとジョンの研究の正しさが確認され、それ以前の剪断帯という呼び名が復活することになった。

しかし、この一帯では大陸の衝突が始まる以前に、少なくとも一〇〇マイル（一六〇キロメートル）は地中深くに潜っていた証拠を結晶質の固体にとどめた岩石が、狭い範囲内でいくつか発見されている。そして、この謎はまったく解明されていない。そうなると、新たに不確定な要素が発生し、重要な問題を突き付けられた。今度は新しい疑問に取り組まなければならない。

そもそも、地中深く潜った岩石にはどんな意味が込められているのだろう。いわゆる超高圧変成作用の歴史をとどめている場所は、世界中でも一握りしか存在しない。超高圧変成作用とは、一平方インチにつき四〇万ポンド（一八〇トン）以上の圧力を受けて進行する変成作用で、これだけの圧力は地下六〇マイル（九六キロメートル）以上の深さでのみ達成される。その証拠となる痕跡はすべて、大昔の沈み込み帯で観察されている。そしてどの事例においても、沈み込み帯は大陸同士が衝突した場所で確認されているので、今回のグリーンランドの調査で可能性が指摘されている歴史との矛盾がない。ただし他の場所はどこも、沈み込み帯が形成された時期はせいぜい九億年前だ。四五億年という地球の歴史に比べ、グリーンランド以外では沈み込み帯の歴史がかなり新しい。それはなぜか。なかには、超高圧で形成された結晶質の固体は地表に露出すると不安定になるので、低圧力下で安定した鉱物にゆっくり時間をかけて退化するのだという説もある。この推論では、不安定な鉱物が存続できる期間は、最大でおよそ九億年だと結論している。一方、海底に広がるプレートテクトニクスも、今日見られるような沈み込み帯も、およそ九億年前まではメカニズムが完全には確立されていなかったという説もある。それ以前は、何か他の未知のメカニズムが働いていたのだという。ひょっとしたら、もっと浅い場所の収束帯が関わっており、深い場所での沈み込みは無関係だったかもしれない。このように色々な可能性が考えられるが、他では考えられないほど大昔の超高圧変成岩が発見されたことは事実なのだから、それに込められた意味を解明するのが私たちの課題だ。今回のサンプルの存続期間は、他の超高圧変成岩の二倍におよぶ。それは何か非常にめずらしい保存メカニズムの所産かもしれないし、他の場所とは比較にならないほど古いプレートテクトニクスが存在していた稀なケースなのかもしれない。そして、私たちの調査対象となっている岩石のユニークな性質を考えれば、ふたつのアイデアを組み合わせたところに答えがあることはほぼ間違いない。

他にもうひとつ、明らかに困惑する問題がある。この四〇年以上にわたり、複数の研究者によって何百ものサンプルが集められてきたが、超高圧変成作用の証拠をとどめているものは、僅かふたつしかない。これまで証拠が認められなかったのは、超高圧変成岩の結晶質の固体の特徴や成分が、最近まで理解されなかったことも理由のひとつだ。しかし、私たちは何百ものサンプルを調べ直したが、それでも超高圧変成作用の痕跡をとどめているサンプルはふたつしか見つからなかった。そこからは、新たな疑問が提起される。つまり、こうした極端な現象の証拠は、後に発生した出来事によってほぼ完全に痕跡がかき消されたのだろうか。たとえば剪断作用が働いた結果、超高圧変成作用の歴史をとどめた岩石はごく一部しか残されなかったのだろうか。それとも、実際のところこの地域全体が様々な地質構造の寄せ集めのような場所で、年代も場所も大きく異なる岩石がそれぞれ強引に割り込んできたのだろうか。

私たちの四度目の調査旅行は、これらの新しい疑問への理解を深めることが目的だった。数週間は野営地を移動しながら、一〇〇〇平方マイル（二五九〇平方キロメートル）にわたって散らばる重要地点を訪れる予定だった。そのため私たちの後方支援役として、アシアートで小さなキャビンクルーザーを所有するカーステンと契約し、移動の必要があるときは船を出してもらうことにした。それ以外の時間は、野営地で船の整備をしながら待機してもらう。

今回訪れる場所のひとつは、ジョンが何年も前に訪れていたところだ。現地では八マイル（一二・八キロメートル）の距離を踏破する予定で、大昔の片麻岩が混ざり合って露出する大理石に沿って歩き続ける。ジョンはかつて博士論文に取り組んでいるあいだに、この地域の地図を作成していた。その当時、大陸が衝突や分裂を繰り返すことを前提とするプレートテクトニクスモデルは、まだ十分に受け入れられていなかった。その頃の優勢だった概念は「地向斜理論」と呼ばれるもので、それによれば、縦が何千マイル、横が何百マイルにもおよぶ巨大な海盆が地球全体に散らばっていた。海盆は構造プレートのように地球の表面を移動するわけではなく、ゆっくりと沈み込み、長い時間をかけて沈降を続け、内部は堆積物で満たされる。最終的には、未知のメカニズムを通じて不安定な状態に達して圧縮され、そこから巨大な山系が隆起したのだという。当時集められたデータには、地向斜理論に役立つ用語が使われており、プレートテクトニクスの概念を表現するには不完全だった。そのため今回は対象となる地域を詳しく観察し、従来のデータが新しい構図に当てはまるかどうか確認したいと考えた。

　午前中、あたりは静かで空はどんより曇っていた。船は特にトラブルもなく、海岸沿いを静かに進んだ。目的地は小さなフィヨルドの湾口で、そこで上陸して斜面を横断する。地形は平坦ではないが起伏が多いわけでもなく、一日の行程としてはわけもない。

　フィヨルドの湾口に到着する頃には、潮の勢いは弱まっていた。海岸までは、船尾に結んである小型ボートを使って移動するが、それも問題はなさそうだ。バックパック、ハンマー、食料、水を放り込み、さあ出発しようとしたとき、右舷のレールよりもやや後方から数百ヤード離れた海面に、アザラシが頭をひょいと覗かせた。船と距離を保ちながらも、頭を水から高く持ち上げ、興味深そうにこちらを眺めている。カーステンは直ちにアザラシの存在を認め、大いに興奮した。晩御飯のおかずになり、毛皮は防寒着になり、乾燥肉は家族へのお土産になるからだ。

　カーステンは小型ボートから飛び降り、船のキャビンまで駆け出し、左舷の扉の上から小口径ライフルをつかみ取った。それから薬室を点検し、弾薬を詰めて小型ボートに戻ると、岸まで急いで私たちを連れていった。そのあと、私たちが選んだ上陸地点まで小型ボートを慎重に進めるが、数秒ごとに後ろを振り返り、アザラシから目を離さない。そして私たちが上陸すると、船まで急いで戻り、アザラシの追跡を始めた。ライフルは、舵輪の前にある計器パネルの上に横向きに置かれている。万事が予定通り進めば、夕食時にカーステンと合流し、キャンプに戻ることになる。

私たちが探している大理石の露頭は、上陸した磯浜の真向かいにあった。色はミディアムグレーで、六フィート（一八〇センチメートル）ほどの厚さがあり、茶色がかった黒の地層に上下を挟まれている。この露頭に沿って歩きながら、複雑な折り畳み構造と、それを彩る包有物が長く引き伸ばされた形状に、私たちは強い印象を受けた。激しい剪断作用の証拠であることは間違いない。巨大な大陸が衝突帯でぶつかり、あいだに挟まれた岩石が歪んだら、ちょうどこのような形が出来上がる。これもやはり、地上に残された痕跡に違いない。

会話を交わしながら歩き続ける道中には、小さな草地や池がつぎつぎと現れ、新しい植物をいくつも発見し、植物を観賞する喜びを予想外に味わった。深緑色と黄褐色のコケが折り畳まれ、六フィートの高さの露頭の下部を厚い毛布のように覆っている場所もある。私はすっかり当惑した。折り畳まれるように重なったコケが、これほど見事に繁殖しているところは見たこともなかったからだ。いや、コケがこのような形で成長するはずはない。最初はおそらく露頭の表面に成長し、光合成を行ないながら岩肌をゆっくり覆っていったのだろう。そして数百年とは言わないが、数十年間はいっさい邪魔されずに成長し続けたが、最終的には厚みが限界に達し、脆い仮根では岩肌を覆うコケを支えきれなくなった。そのためコケの塊は崩れ落ち、複雑な折り畳み構造となり、いまやむき出しになった岩肌の下部を毛布のように覆っているのだ。そのまわりを、羽ぼうき状の房をつけて指のような形をした山吹色の茎が取り囲んでいるが、この直立した茎は何か未知の真菌類のものだ。私が真菌学者ならば、大喜びしただろう。でも私は地質学者なので、困惑したけれども深く考えず、そのまま通り過ぎた。

突然、遠くから鋭い音が鳴り響いた。ライフル銃の発射音であることは間違いない。短くて鋭い銃声は、露頭を打ち付けるハンマーの音とほどよく調和して、それから数時間、愉快な合奏が続いた。

夕方までには、高さ数百フィートの高台に到着した。キャンプを設置した入り江からは、一マイル（一・六キロメートル）以上離れている。海岸から少し離れた場所に、船が錨で固定されているのが見える。カーステンがアザラシを仕留めたのか気になったが、この距離では確認できない。

さらに二〇分後、私たちはキャンプのある入り江に向かった。カーステンの姿は、平らな石の上にあった。そこから先は、石は海に向かって傾斜している。彼はアザラシの屍体を石の上に広げ、慎重に皮を剝いでいるところだった。その動きは正確で手際が良い。皮を傷つけずにきれいに処理し、肉を丁寧に洗っている。そのあと、きれいに処理した肉と皮を小型ボートに積み込み、船へと向かった。そしてしばらくすると、船上で夕食をとるための準備を整えて戻ってきた。

カーステンがカイにデンマーク語で説明したところによれば、これから作る郷土料理は、私たちの口に合わないだろうという。カイがためらいがちに通訳した英語を聞いた結果、きれいに洗った内臓をボイルして、そこに他の材料を少々加えたものだとようやく理解した。キツイ臭いが私たちには鼻につくと、カーステンは確信していた。そこで彼の弁解を聞きながら、私たちは別に食事の準備を進めることにした。カイは調理室で私たちの食事を作り、カーステンは外のファンテイル［訳注／船尾の張り出し部」で自分の食事を準備する。グリーンランドの生活は、海の生活と一体である。海との絶妙のバランスが大切で、他では当たり前のことも通用しない。

ここで私は、一回目の調査旅行で驚かされた経験を思い出した。このとき私たちは、小さなトロール漁船に乗ってシシミュートを出発するところだった。肌寒い日で、全員がアノラックとパーカー、ニット帽と手袋で完全防備して、必需品をボートに積み込んだ。ドックからレール越しに船上の作業員に手渡すと、隔壁の部分に収めてくれた。食料の箱は下のほうに収納される。私は荷物を詰めたバックパックを甲板員に手渡しながら、隣のドックのほうに視線を向けた。そこではふたりの男性が、漁網を修繕していた。手袋をはめない手で器用に網を繕っている。私がその様子を眺めていると、ひとりが小さなキャビンの屋根のほうを振り向いて、小さなワモンアザラシの屍体の隣にあるナイフを手に取った。それからナイフをほんの少し動かして、脂肪を薄く切り取ると口に放り込み、そのあと仕事に戻った。アザラシは、海に出る前のスナックだった。これからふたりは何日も漁を続けるが、そのあいだアザラシは大事なたんぱく源になる。

風下でただひとり、カーステンは手料理を食べた。私たちは食事をしながら時折肩越しに様子を観察し、旺盛な食欲に強い印象を受けた。するといきなり、彼は肉の皿を持って小さな調理室の扉のところに現れた。そして、アザラシを賞味してみないかと言いながら皿を手渡すので、みんなで少しずつ試食した。

皿の上の料理は硬い牛肉のようで、非常に濃厚で繊維が太く、脂肪はほとんどない。少々甘すぎるけれども、ジビエ独特の臭いが漂ってくる。私は一口食べたとき、何年も前に食べて僅かに記憶しているトナカイの肉と同じような味を期待した。食感は硬い牛肉とよく似ているし、牛肉と同じような特徴もあるが、予想外に魚の風味が圧倒的で驚かされた。


現地の食べ物を味わえば、その場所を経験したことになる。アザラシは魚の動きや習慣や行動パターンを細かい部分まで理解している。魚を捕まえる方法が脳の回路に記録されているので、魚はどこにいる可能性が高いか、逃げるときにはどんな方法を使うのか、窮地を脱するためにどれだけ耐え忍ぶのかを理解している。こうして遺伝的に受け継がれた知識は、何百万年にもわたる成功と失敗の積み重ねから、役に立つ教訓として選ばれたものだ。そのため必然的に、アザラシの場所についての経験や、そのなかでの移動のパターンには、探し求める食べものの痕跡が残されている。要するにアザラシの生活には、魚の視点が含まれる。

もしも私が自分の筋肉組織を食したら、何を考えるだろう。筋肉組織の味が呼び覚ますものから、世界での経験について何を学び、何を探し求め、どんな生き方を選ぶだろう。アザラシと同様に人間も、ものの見方は遺伝子によって受け継がれてきた。景色やきれいな水や空を見る方法は、生き残りに欠かせない知識として進化を遂げ、代々受け継がれてきたものだ。私たちはこうして継承されてきたものの相対的結果であり、過去の教訓の発現である。

手つかずの空間の真っただ中に暮らしていると、味は忘れられた言語であり、そのボキャブラリーには場所に関する様々な要素が網羅されていることがわかる。味という言語には、どこでどのような生活が営まれているかが記録されている。そしてボキャブラリーは、特定の場所にどんな動植物が暮らし、地形や水にはどんな特徴があり、光は季節ごとにどのように変化するかを教えてくれる。

帰還──細かい境界で区切られた世界へ戻る

四週間以上が経過して、現地調査の時間も残り少なくなった。この地域の歴史の解釈に関する意見の対立は解消されたが、その一方、大昔の歴史を理解するための新たなヒントが得られ、新たに浮上した難問の解明に取り組まなければならない。私たちは研究をつぎの段階に早く進めたかった。測定や観察の結果をまとめて一貫性のある時系列の記録を編纂し、あちこちで集めたサンプルの研究と分析を行ないたい。そして、家族や友人のもとに戻り、現代世界の便利な生活を再開できると思うと、期待に胸が膨らんだ。まもなくここにヘリコプターがやって来て、私たちをカンゲルルススアークまで運んでくれる。

カイはヘリコプターが着陸地点を確認できるよう、あらかじめ準備しておいた白い布切れで地面に大きなXを印した。場所は私たちのテントから少し離れた小さなベンチで、私が現地での最初の夜に登った岩稜から突き出している。ここならば、ローターブレードが岩壁に衝突することもなく、ヘリコプターが無事に着陸できるだけのスペースを確保できる。ここの地形は、現代の科学技術にとって決して快適ではない。どんよりと曇った朝は冷え冷えとして、海の向こうからかすかに風が吹いてくる。肌を刺すような寒さが、別れのあいさつだった。

その前日、私たちは使わなかった物資や備品を箱に詰めた。これはヘリコプターに積み込む。何百個も集めた岩石のサンプルは新聞紙に包み、それぞれ識別番号と採集した場所の座標を記し、木枠で梱包した。私たちを現地まで運んでくれた青いトロール船を手配して、出発後にこのサンプルを回収してアシアートまで運んでもらう予定で、そこからデンマークに輸送される。サンプルの情報は二重に点検し、緯度と経度は正確か、サンプルについての記述はノートに記したメモと矛盾しないか、念を入れて確認した。そして作業が一通り終了すると、すべてのごみを回収し、干潮時に浜辺で焼却した。

いまや、私たちがここに存在していたことを証明できるものは、梱包されたサンプルしかない。テントは早朝に畳んだ。

予定よりも数分早く、遠くでヘリコプターのブレードが空を切る音がバタバタバタバタと聞こえてきた。音は海の向こうから近づいてくる。南に数マイル離れた場所が発信源で、音はフィヨルドを取り囲む巨大な絶壁にぶつかって鳴り響いている。みんなで目を細めてヘリコプターを確認しようとしたが、姿はまったく見えない。

それより数日前、グリーンランド先住民の三家族から成るグループが、私たちが水を汲み、沐浴した小川の近くの岬にテントを設営した。それまで、ここに来てから出会った人間はほとんどいなかったが、彼らはトナカイを追ってここまでやって来た。そして到着した翌日、私たちは唯一の交流を経験する。

その日、夕方になって現地調査から戻ってくると、私たちが燃料と物資をしまっておいた場所の上にそそり立つ絶壁に、四人の子どもが立っていた。私たちがゾディアックを浜に引き上げて係留し、岩石や装備を降ろしている様子を眺めている。手を振ってみたが、子どもたちはアノラックに手を突っ込んだままで反応がない。ところで私たちが隠しておいた装備のなかには、予備のライフベストがあった。あとから持ち物を整理して、持ち帰る装備のなかにライフベストを積み重ねようとしたとき、そのうちのひとつが膨らんでいるのを発見した。子どもたちは好奇心に勝てなかったのだろう。小さな赤いプラスチックのつまみを見ると、それを引っ張り出してみたい誘惑にかられ、口をつけ、膨らませたのだ。その場面を見られなかったのは残念だ。

私たちが後片付けをして夕食の準備を始めるあいだ、子どもたちは同じ場所に一時間ちかくたむろして、私たちのキャンプを訪れようか、私たちが何者なのか確かめようか、決めかねているようだった。でも結局、やって来ることはなかった。こちらから出向いて、自己紹介すればよかったと悔やまれる。

ようやくヘリコプターが見えてきた。まるで赤と白にきらめくロケットが、私たちの取るに足らない前哨基地を抹消するつもりであるかのように、まっすぐこちらに向かってくる。ほどなく、私たちの上空から急降下してから急旋回し、カイが印をつけておいた場所に着陸した。私はグリーンランド先住民たちの集団を一瞥した。一体彼らは、何を考えているのだろう。全員が外に出て、テントの横にたたずみ、ヘリコプターを眺めている。

数分もすると、荷物は積み終わった。私たちが乗り込み、シートベルトを締め、ヘッドセットを装着すると、ヘリコプターは離陸した。

ヘリコプターがキャンプから上昇していくあいだのほんの一瞬、私は自分たちの生活の痕跡を確認できた。テントを設営した平らなツンドラ、何度も草を踏みしめて出来上がった道。デリケートな場所に土足で入り込んできた人間は、このような形で存在の記録を残したのである。

ヘリコプターで南のカンゲルルススアークを目指し、コペンハーゲンを出発したあと到着した空港に戻る予定だった。一〇〇〇フィート（三〇〇メートル）以上の上空を飛び、山の峰のあいだの鞍部や尾根の頂をかすめ、岩肌にいまにも触れそうになった。東側には、真っ白な氷冠が太陽の光を浴びて輝いている。ヘリコプターが飛んでいる場所よりも一マイル（一・六キロメートル）ちかく遠くに水平線を描いているが、消滅して歴史の片隅に追いやられるのも時間の問題だろう。時々、氷崖の僅か一〇〇フィート上空まで高度が下がると、脆い表面を水が勢いよく流れ、茶色がかった灰色の濁流が何本も西に向かっている様子を見ることができる。濁流によって粉砕された石は、はるか沖まで運ばれて堆積する。あるいは、激しい流れは陸を通過しながら、険しい谷底を削り取り、削り取った粗い砂や砂利を氾濫原や谷床に落としていくので、フィヨルドの縁には新しい陸地が出来上がり、満潮時の海流と共に流れてくる青い水はせき止められる。

南に向かうにつれ、最後に雲はなくなり、明るい青空が現れた。陸からの太陽の照り返しは容赦ない。昇ったばかりの朝日が、水の多い地形に点在する池や湿地に反射している。私はサングラスを探そうとしたが、考え直してやめた。この場所を離れるとき、何かを間に挟んだ状態で記憶にとどめたくなかったのだ。ヘリコプターは一二〇〇フィート（三六〇メートル）上空を飛んでいるが、一分間に四〇〇回転するローターのバタバタバタバタという音を聞きながら、大切な場所の景色をじかに目に焼き付けた。

カンゲルルススアークまでおよそ半分のところで険しい尾根の上空を飛んだが、眼下の谷のツンドラには、小さな道がいくつも迷路のように入り組んで残されている。これはトナカイの移動経路で、空っぽで何の特徴もないが、それでも過去の記憶をとどめている。一時的に残されたはかない存在ではあるが、かつてここに生命が存在したことを教えてくれる。進化が継続する土地で柔軟に変化して生き残った結果が、このような形で刻み込まれているのだ。

私たちの左側では、氷が世界最大の島を分解しようと果てしない努力を続けている。そして右側では、美しく削られた谷や堆積物で満たされたフィヨルドが、西に向かって手指のように広がっている。

このように多様性に富んだ景色を見ると、自然の変化のプロセスについて分析的記述を行なうだけでは、素晴らしさが十分には伝わらないことがわかる。

ヘリコプターが上空一〇〇〇フィートで尾根の鞍部を越えると、突然五マイル（八キロメートル）南西の方角の地上に、カンゲルルススアーク空港のコンクリートの滑走路が見えてきた。この空港は、極寒の気候に耐えられるように技術の粋を集めて設計された。

ヘリコプターは下降して旋回を始めた。空港に入ると、ボーイング767の姿が見える。まもなく私たちはこれに乗って北大西洋を越える。コペンハーゲンには、夕食までに到着するだろう。

ヘリコプターは滑走路にそっと着地した。私はシートベルトを外して外に出ると、ペンキを塗ったアルミニウムの機体を素手で触った。するとたちまち、シルクのような肌触りに驚かされた。滑らかで光沢のある表面は、それまでの四週間のキャンプ生活では経験しなかった。さらに、私たちが立っている場所は、四週間前に荒野に向けて出発した場所とほぼ同じはずだが、何だか別の場所のように感じられる。

ヘリコプターから装備を取り出し、バンのなかに放り込むと、こもった金属音と共に落下した。軽油を燃料とするバンがコンクリートの敷地を走っていく様子は、私たちが戻ってきた世界の本質を表現している。キャンプを設置したツンドラに私が傷跡のように残してきた小道など、ここでは何の意味も持たない。

いま私たちは、友情、潮流、風、幾層もの雲が大切にされる世界から離れつつある。新しい世界では、景色や生活が自然に逆らわずに進化するわけではなく、どこもかしこも境界で区切られている。そんな世界に戻ってくると、固くて滑らかな滑走路にさえ違和感を覚える。自然の世界では、表面が不規則で様々な感じ方を経験できるが、ツルンとした触感ばかりだと、不規則な表面が地球から意図的に抹消されたとしか思えない。

バンは離着陸場を通過して、カフェテリアとホテルを併設したターミナルビルに到着した。建物に入ると、コペンハーゲン行きのフライトに合わせて荷物を預けたホテルの突き当たりには、低料金で利用できる公共施設がある。荒野の小さなコミュニティでは、お金など意味のないコンセプトだったが、ここではこの抽象的な概念が奇妙に存在感を発揮する。私たちはファスナー付きのポケットのなかを探り、数週間前に突っ込んでおいた小銭を探った。

シャワーに向かって一歩近づくごとに、狭い場所への恐怖が募っていく。長方形の廊下を二回曲がったあと、軽いめまいがして方向感覚を失った。

そのあと、一カ月以上も伸ばし放題だった髭を剃るためシンクの前に立っていると、風が温かで湿り気もない閉鎖的な空間への拒絶感はさらに強くなった。私は窓を開けた。すると、カンゲルルススアーク・フィヨルドの東のはずれに連なるなだらかな丘が目に入ってきた。冷たい新鮮な空気を吸い込むと、ようやく気持ちは落ち着いた。

終章

荒野から戻ってきた使者は……そこに込められた意味を明らかにするのではなく、むしろ、現地で経験した深い感動を記録するべきだと、私は結論に達した。そうすれば、感動は人々の心にいつまでも響き、誰もが世界の果てでは奇跡が起きることを理解する。それがわかれば、人間は象徴へのこだわりを捨てられる。

ローレン・アイズリー

いま頭のなかには、断崖の上に連なる尾根の情景が思い浮かんでいる。ここで私は、ハヤブサとの出会いを果たした。深い谷底で気流が発生し、川には魚が泳ぎ、運命に向かって突き進んでいく様子を観察した。ここでの生活は、人間が住む世界に満ちあふれた不安から隔絶されている。音といっても、荒野の自然や生き物から発せられる声が、かすかに聞こえてくる程度だ。そして観察地点が、思考という現象の出発点になる。

私たち人間は宙ぶらりんの状態だ。思考も夢も、目で見て理解できる物事の外見にとらわれる。たしかに人間はパイオニア的な生物種で、物事の表面下には何かが隠されていると想像する。だから岩肌ですねを傷つけ、結晶に触れて血を流し、薄い空気のなかを水浸しのブーツで歩き続ける。そしてこれらの経験を通して、自分なりに自然の世界を構築する。氷塊に閉じ込められた魚、絶壁にぶつかって金切り声を上げる風、アザラシの肉から染み出す肉汁、花の生殖器官から漂ってくる甘い香り。これらの観察結果を通して人間は荒野を理解する。だから物事を判断する能力、詩を創作する能力、美しいものを創造する能力を自由に発揮すると言っても、これらはすべて、自分が知覚できる範囲内に限定される。

おわりに——ウィルダネスを共有することの意味

地球は、宇宙空間を漂う微粒物質によって作られた。超新星の原子の破片や、未知の星々の元素が風で運ばれた結果、徐々に形成されていった。星間物質の粒子が穏やかに降り注ぎ、彗星や隕石が衝突し、水が凍り、宇宙が見事な芸術的才能を存分に発揮したすえ、四五億年前に地球は誕生したのである。

創造性はそのあとも発揮され、その結果として様々な地形や生命が誕生した。このように豊かな地球を身近なものとして認識するためには、自然のままのスペースにアクセスする必要があるが、残念ながらほとんどのスペースは、駐車場や建物や街路に覆われて見えなくなった。日没や水平線の意味をきちんと理解するためには、そしてシロアリや分子や生命が優れた創造力を発揮しながら自然に対応している実態を理解するためには、自然のままのスペースに注目しなければならない。荒野がなければ、こうした大事なものを理解するために欠かせない視点は失われてしまう。

私たちの野外調査の成果を他の地質学者たちの研究とまとめた結果、大昔の造山活動についての概略は理解できた。ただし、地下に隠れた岩石層が語りかける声をきちんと聞き取るためには、肉眼では確認できないほど小さな部分を細かく調べる必要がある。だから私たちは、ハンマーと採取バッグと記録用のペンを現地に持参したのだ。

私たちは現地で集めてデンマークに送ったサンプルから薄い断片を水平に切り取り、専門のラボに分析を依頼した。断片はスライドガラスに接着され、人間の髪の毛ほどの厚さになるまで徐々に磨かれて、最後は表面がガラスのように滑らかになる。こうして出来上がった「薄片」は光を通すので、構造や形態のごく細かい部分まで観察して記録することが可能だ。

こうした薄片を顕微鏡で眺めているときには、勝手な思い込みの入り込む余地はない。色と形状によって創造される幻想的な幾何学模様の素晴らしさに、心はすっかり奪われてしまう。これだけのものは、人間が想像することも、肉眼で観察することもできない。美しいミクロの世界は、結晶構造のなかの原子の組織的な配列が、魔法のような効果を発揮した結果として創造された。このような鉱物が過去のどんな痕跡をとどめているのか、何時間もかけて読み取ろうとしても、壮大な計画の奥深さに圧倒されるばかりだ。構造を変化させている途中で凍結された鉱物を見せられると、進行中のプロセスのなかでは均衡状態の達成が不可能なことがわかり、完璧なものなど存在しないという現実を思い知らされる。結晶面は周囲を圧迫し、空いたスペースが出来上がる可能性を消滅させる。結晶構造の安定した配列が拡大し、周囲に広がっていくうちに、地球の奥深くで進行する変化の様子が詳しく記録される。

ジルコンの顕微鏡写真

ただし歴史を復元するためには、過去の出来事を順序だてて整理するだけでは十分ではない。何らかの方法で、鉱物が形成された年代や、構造が発達した年代を確認する必要がある。たとえば三〇億年以上の歴史を経験しているような大昔の岩石の場合に、記憶をはっきりとどめる装置が内蔵されていれば都合がよい。幸い、ジルコンにはその機能がうまく備わっている。

ジルコンは主にジルコニウムとシリコンと酸素から成る鉱物だ。弾力性に優れ、岩石が高い温度や圧力を経験する地球の地殻の中心部や深部でも、安定した状態を保っている。さらに、非常に頑丈でもある。川床を何十マイルも何百マイルも移動して、ボルダーや丸石にぶつかり、あるいは引っかかれても、結晶格子の結びつきがことのほか強力なので、すり減ることがない。

さらにジルコンは、構造を決定する原子のユニークな組み合わせと配列のおかげで、ほとんどの岩石に含まれるウランを含みやすい。このシンプルな事実だけでも、地殻の歴史を復元するうえでジルコンは最も重要な鉱物のひとつに数えられる。なかでも地殻変動によって高温と高圧が発生し、岩石が過酷な条件をいくつも経験する場所の測定では、ジルコンは特に重宝される。ジルコンに含まれるウランは、放射線を出す能力がゆっくりと着実に衰える。最終的には原子核が崩壊して鉛やトリウムやヘリウムに変化して、それが時間と共に蓄積される。したがって、これらの元素の濃度を測定すれば、岩石の年代を決定することができる。ジルコンは、地質年代を測る時計のような存在なのだ。

年代測定のためのジルコンを確保するには、サンプルの一部を砕き、ジルコンの微小結晶が分離されるまで、ふるいにかけなければならない。つぎに、こうして手に入れた粒をエポキシ樹脂のディスクに乗せて磨くと、粒の中身が表に現れるので、それを分析すればよい。ただしどうしても、厄介な問題は発生する。ジルコンの結晶を高倍率で観察すると、均質ではないケースが多いことがすぐにわかる。通常は年輪のような帯があって、それが結晶の中心の内核を取り囲んでいる。この年輪もどきは、古いジルコンの上に新しいジルコンが成長して、状況が変化したことの記録だ。ただし帯の幅は一インチ（二・五センチメートル）の数百万分の一か、それ未満のものが多く、これでは現在の技術で判読不可能で、年代を測定することができない。

しかし、幅が小さな帯は判読不可能でも、太い帯には分析技術が応用できるので、何百ものジルコンの年代を確認し、岩床に残された進化の記録を以前よりも詳しく知ることができる。

年代測定のために選んだサンプルの一部は、ツネルトーク島の東端で塑性変形した岩石から採取した。同僚と一緒にデータを詳しく調べた結果、岩石の一部は驚くほど年代が古いことがわかった。様々なジルコンの中心核は、三四億年ちかくも昔に形成されていた。これは剪断帯の反対側のほぼすべての地形よりも年代が古い。そこからは、大昔には大陸が南ではなく、北に広がっていた可能性が暗示される。さらに年代がきわめて古い岩石は、消滅した海と陸との境界だったと考えられる。

中心核はこのように古いが、それを取り囲むジルコンのリングは年代が新しく、多くはおよそ二七億五〇〇〇万年前に出来上がった。これは、世界各地の古い大陸だけでなく、剪断帯の南側の岩石でも、大変動が起きた時期と一致している。これが何を意味するのかまだ明らかではないが、当時は地球のあちこちでマントルが上昇し、多くの大陸塊が誕生したと考えられている。その証拠がここでも見つかれば、グリーンランドの出来事と、他の場所で進行したプロセスのあいだには類似点が存在する。ふたつは共通項で結ばれ、グリーンランドのこの地域は典型的な大陸地殻であることが証明される。

そして、古い岩石を切り裂いて横断する岩脈に含まれる均質なジルコンは、一八億五〇〇〇万年前に形成されたものだった。したがってこの地域ではこの時期に、ふたつの大陸が衝突したと考えてよい。

さらに東には、カルスビークらが一九八七年に確認した巨大な火成岩の山塊があるが、その岩石の年代も、私たちが採取したジルコンや他の研究者が手に入れた同年代のジルコンに基づいて正確に測定された。その結果、一九億八〇〇〇万年前から一八億七五〇〇万年前にかけて、この地域は活発なプレート運動とアンデス山脈並みの火山活動に見舞われたことが証明された。

火山系の活発な活動が一億年にわたって継続すると、単純計算によれば、プレートの沈降によって消滅する海の規模は制約される。海洋地殻が沈み込み帯の下に潜り込む割合は、通常は一年に一〜五インチ（二・五〜一二・五センチメートル）である。しかし大昔のグリーンランドでは火山活動の影響で、海水が減少する割合が低かったと仮定すると、およそ三〇〇マイル（四八〇キロメートル）にわたって地殻が地球内部に引き込まれたことになる。これは、ニューヨークとリスボンのあいだの距離にほぼ匹敵する。つまり、枕状玄武岩が海底に噴出した海洋の大きさは、今日の北大西洋とほぼ同じだったことになる。

では枕状玄武岩は、一九億八〇〇〇万年前から一八億七五〇〇万年前にかけて活発な活動が見られた海盆の一部で、年代も一致するのだろうか。そこでジルコンと同じ分析技術を使った結果、枕状玄武岩は少なくとも一八億九五〇〇万年前のものだと判明し、大昔に消滅した海床の一部である可能性が高くなった。

変形や変成作用が集中する剪断帯で採取した他のサンプルは、年代が様々に異なるが、どれも一八億二〇〇〇万年前から一七億二〇〇〇万年前の範囲に収まった。このように一億年かけて造山活動が完成するサイクルは、似たようなタイプの衝突帯のサイクルと一致している。たとえばヒマラヤ山脈とアルプス山脈はいまでも活動が活発で、収束までにはあと数百万年かかる。ヒマラヤ山系は六〇〇〇万年前から隆起が始まり、アルプス山系は誕生からせいぜい三〇〇〇万年しか経過していない。

サンプルから鉱物粒子を取り出して年代を測定できれば、岩石の変遷を時系列に細かく記した年表を作成できる。地形の歴史の解明にこのアプローチを使えば、時間を考慮した立体感のあるモデルが出来上がる。

たとえば、あの髪の毛が焦げたような匂いのした岩石の薄片を顕微鏡で観察した結果、なかにガーネットやかんらん石やスピネルが含まれていることを発見したが、この岩石には少なくとも地下四〇マイル（六四キロメートル）という、地球の奥深くの驚くべき歴史が刻まれていた。これほどの深奥部では、超高圧下で変成作用が進行する。それまで、この地域の岩石が地下一五マイル（二四キロメートル）よりも深くまで潜っていくとは、誰も想像しなかった。そこで私たちはレポートを書いて論文を発表し、オーフス大学の地下のアーカイブでたくさんのサンプルを観察した。自分たちが発見した岩石が謎めいた例外ではないことを確認したかったのである。

こうしてアーカイブを調べているあいだに、UHP（超高圧）変成作用の痕跡をとどめたサンプルが発見された。このアーカイブには、グリーンランドの地質を研究する教職員や、修士課程や博士課

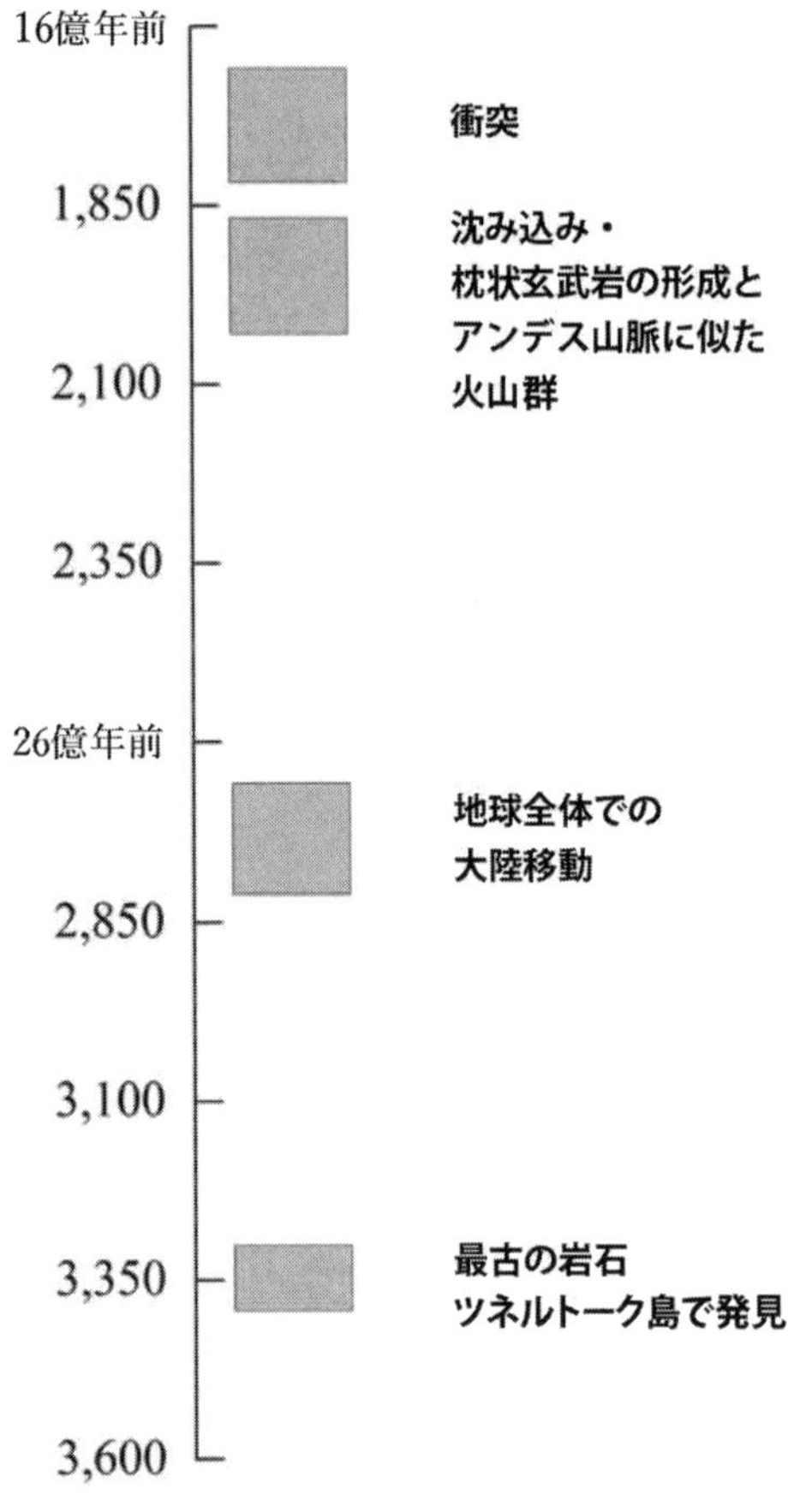

グリーンランド西部の地質に痕跡が残されたきわめて重要な出来事を時系列で示した。年代は、ジルコンから獲得したデータに基づいて主に決定された。棒の縦の長さは、それぞれの出来事が終了するまでの時間を表している。ノードレ・ストレムフィヨルドの剪断帯（NSSZ）は、大陸同士の衝突の末期に当たる数百万年のあいだに活発に形成された。ちなみに、地球は45億6000万年前に誕生し、地球上に残された最古の大陸の断片は、41億年前のものだ。

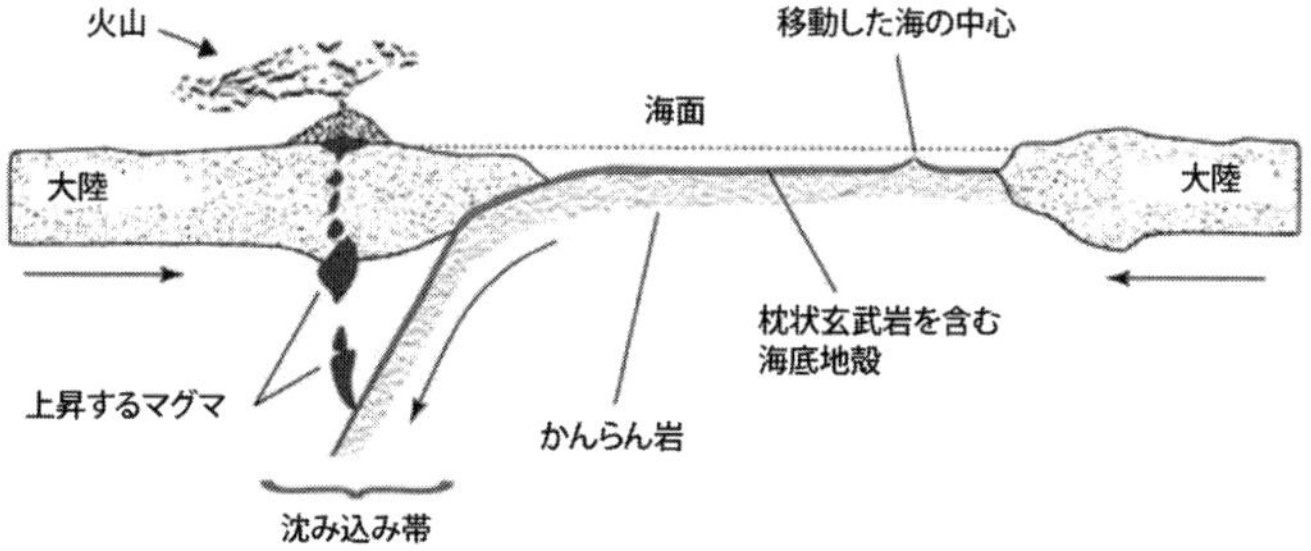

大陸が衝突する以前の状態。およそ18億9000万年前、衝突に関わるふたつの大陸、ならびに当時活発だったプレート運動の主な要素である沈み込み帯と火山系は、図に示すような形で配置されていた。沈み込む枕状玄武岩やかんらん岩のなかをマグマ体が上昇する真下に超高圧（UHP）地帯があった。高圧（HP）変成岩はその上にあったと考えられる。

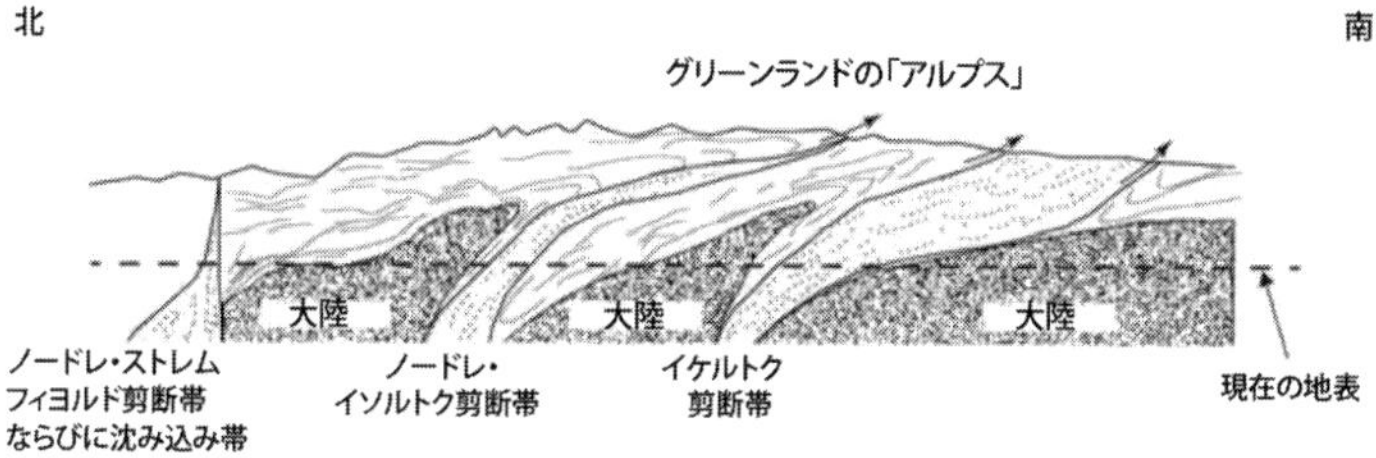

新しい解釈。およそ17億2000万年前、大陸同士の衝突がほぼ終了したとき、山系が形成された。ここではその断面を概略図で示した。矢印は、現在確認されている剪断帯で観察された大きな断層の変位方向を示している。暗い色で表現した複数の大陸は、合体してから衝突したものと考えられる。北の大陸を構成する最古の岩石は、ノードレ・ストレムフィヨルドの剪断帯の左側に位置している。変成堆積岩などの岩石は、色が薄く折れ曲がった波線で示されている。この図は、最初にカイ・ソーレンセンが作成したモデルを修正したものだ。

程の学生たちから成る小さなグループが、数十年かけて採取した何千ものサンプルが収められており、私たちはそれを丹念に調べた。そしてそこからふたつ、深奥部まで埋没した証拠をとどめたサンプルを発見したのである。いずれも、私たちが調査を行なった場所から西に数十マイル離れた場所で採取されたもので、私たちが調達した風変わりな岩石が連なる岩帯の延長線上で、しかもノードレ・ストレムフィヨルドの剪断帯の北端に沿った場所で見つかった。そしてふたつのサンプルは、発見された場所は異なるが同じ特徴を備えていた。皮肉にもそのひとつは、カイが教え子のフレミング・メンゲルと一緒に、この地域を四〇年ちかく前に調査したときに採取したもので、カイは当時の記憶がなかった。もうひとつのサンプルは、Giesecke Sø の近くから取り出されたもので、一九六〇年代の末、当時は大学院生だったスティーン・プラトウが研究に取り組んだ。この場所の一部は実際に地下深くまで埋没して超高圧にさらされ、地下一五〇マイル（二四〇キロメートル）と地上とのあいだを無事に往復したのだ。それを証明する数少ないコレクションのなかでも、ふたつのサンプルの重要性は突出している。地下深くの沈み込み帯まで埋没した証拠をとどめているサンプルとしては最古のものだ。ここでふたつの構造プレートが衝突したとき、海床がマントルに向かって何百マイルも沈み込んだのである。この発見よりも以前には、プレートテクトニクスのプロセスが九億年前よりも昔に進行していたことを示す直接的な証拠はなかった。今回のサンプルによって、測定可能な年代の限界は少なくとも二〇億年も遡った。

私たちが現地調査を行なってサンプルを発見した頃には、スティーン・プラトウはすでに引退し、デンマークのオーフス郊外で農業を営んでいた。私たちは彼の農場を訪れ、ノートや地図を見せてもらい、調査を行なった場所についての記憶を聞かせてもらった。そして最終的に私たち全員が、かつて調査した場所を本人と一緒に訪れるのが唯一の賢明な行動だという結論に達した。そこで二〇一二年の夏、スティーンが独自に調査を行なった場所を一緒に訪れてもらった。彼が一九六九年に最後に調査して以来、そこを訪れた者は誰もいない。いまやスティーンは七〇代になっていた。私たちは彼のガイドで、地域全体をゆっくりと歩き回った。彼はよく笑い、パイプをくゆらせ、かつての調査で訪れた場所への帰還を明らかに楽しんでいた。滞在が終わりに近づいたある日の午後には、シャツを誇らしげにたくし上げ、ベルトがもう合わなくなったよと見せてくれた。荒野を何マイルも歩き続けて体重がかなり落ちたので、ベルトが大きくなりすぎて、穴が足りなくなったのである。

スティーンは、私たちと遠征してから数カ月後に亡くなった。私たちがデータをまとめるために必要な地図を楽しそうに整理しているとき、脳卒中の発作に見舞われたのだ。彼がかつて集めたサンプルも、私たちとの最後の遠征で一緒に採取したサンプルも、グリーンランドのユニークな歴史の正しさを裏付ける証拠としてきわめて重要である。かつてグリーンランドにはアンデスに匹敵する火山系が存在していたとカルスビークらは主張していたが、データとサンプルによってその正しさが十分に裏付けられたのである。
　こうして私たちは、ふたつの大陸の境界となる縫合帯だけでなく、かつてふたつの大陸を隔てて存在していた海床の残骸を発見した。この研究と、それに関連して他の学者が行なった研究の成果によって、はっきりとした結論が導き出された。すなわち、ナストキディアンの剪断帯は、大昔にふたつの大陸が衝突してこすれ合ったとき、大きく変形した痕跡であることは間違いない。この断層系は、今日も活発な活動が継続するヒマラヤの断層系とよく似ている。しかもここには、マントルが眠る地下一五〇マイルの深部と地上のあいだを往復した貴重な岩石も含まれる。地球の表面を覆う地形全体のなかで、地球の深部まで達してから戻ってきたものはいくつか確認されているが、今回発見されたものはとてつもなく古い。プレートテクトニクスと沈み込みの記憶をとどめた残骸が露出したケースとしては最古のものだ。それをスティーンは発見したのである。

　私たちを乗せた船は潮の流れに乗って、海岸沿いに連なる岩のあいだを縫うように進む。海岸は、クシクラゲが発する虹色の光で輝いている。ジョンは、ボートを潮流の中心付近まで突っ込んだ。片麻岩や片岩などあらゆる岩石は、私たちが過ごした楽しい時間の良い思い出であり、過去を賛美してくれているようだ。一方、過去を拾い集めてボートが進んでいくあとには、未来が形成される。波頭や波間に直面するたびにポンツーンボートは柔軟に対応し、減速したり加速したり、少し横に移動したり、水をかぶらないように工夫し続けている。

前回訪れて以来、私たちが調査を行なうエリアではホッキョクグマを見かけるようになった。以前には決してなかったことだ。そのため資金提供機関からの要求を満たすためには、ホッキョクグマに遭遇しても無事に戻ってこられるよう、ライフルの携行を義務付けられた。

私は、数年前に狭い入り江のボルダーに腰を下ろして眺めたときの、氷の融解が進むツンドラの景色を心に思い浮かべた。そこではトナカイの骨が風化して、氷が溶け、新しい地面が現れていた。こうして氷が溶けて変化が進行する事態は避けられないが、それでも荒野の魅力は不滅で、静かに呼びかける声には抗し難い。


荒野の隅に形成された集落は、自然が語る荒野の物語で句読点のような役割を果たす。人間という要素が荒野に加わると感情や反応が生み出され、この場所の本質にも影響をおよぼす。集落は居住可能な場所の限界にあるので、実際に訪れてみれば、手つかずの自然の風景と調和しながら存在することにはどんな意味があるのか明確に理解できる。実際、こうした場所には深い知恵が込められている。

ある日の早朝、ジョンと私はアシアートの通りを歩き、後方支援をしてくれる予定の住民のひとりの住居を探した。彼は年配のイヌイットで、ディスコ湾を見下ろす小さな円丘に住居を構えていた。屋根の上には、最近仕留めたトナカイの毛皮が広げられ、乾燥が進んでいる。質素な家の二階の窓枠には、保存用に塩漬けにされたトナカイの肉がぶら下げられている。そして何匹ものハスキー犬が、それぞれ犬小屋の後ろにつながれていた。冬に犬たちが引っ張るそりが隣に立てかけられ、優雅な曲線の白い滑走部が、空に向かってアーチを描いていた。

私たちが正面玄関に近づくと、奇妙な音が空気を通して伝わってきた。音の調子は一定ではなく、低いと思えば高くなり、ピッチがゆっくりと変化し続ける。ほどなく、この歌うような音は、入り江から聞こえてくることがわかった。そこで私は振り返り、氷が点々とする海を眺めたが、白い氷が斑点のように散らばる海面は、青空を反射して静かに輝くだけで、他には何も見えない。ところがちょうど正面玄関のポーチに到着したとき、入り江の海面に大きな波が三回続けて立ち上がり、そのなかから、ザトウクジラの巨大な口がぽっかりと姿を現した。いまや大音響は途絶え、ヒゲから勢いよく流れ出る水の音が騒々しい。クジラは餌を食べているところだった。餌となる小魚の群れを集めるため、歌のような奇妙な音のメカニズムを利用したのである。

私たちは用件をすませると、カイと合流するため滞在中の船員用ホテルに戻ることにした。ホテルまでの道は海岸沿いに続き、海岸には小さな港がある。私たちは、白いカンバスのブースがいくつか集まっている場所で足を止めた。そこでは地元の数人の漁師が魚やアザラシの肉を販売している。そこでカレイ、フィヨルドタラ、ホッキョクイワナ、他にも名前を知らない魚を眺めていると、小さな船外機がうなりを上げて船が港に入ってきた。海岸に近づくとエンジンの出力を落とし、最後はゆっくりと砂浜に乗り上げた。胸までの高さの黄色い胴付長靴を身に着けた大柄の男性が船から降りて、アザラシの真っ赤な肉の長くて分厚い塊を引きずり出した。それからブースのひとつに肉を持っていくと、テーブルの後ろに控えているイヌイットの女性と交渉を始めた。短いやりとりの後、彼女は陳列する魚のあいだに、男が持参した商品を並べるスペースを確保することにした。男は漁船に戻ると、脂身の塊を持って再びブースを訪れた。そして料金を受け取ると、再び漁船まで歩き、入り江に押し出し、コードを引っ張って船外機のエンジンをかけた。エンジンが息を吹き返すと、男は立ったままの状態で、港に係留された船のあいだを縫いながらゆっくりと船を進めた。やがて広い場所に出るとスロットルを全開にして、騒々しい音を立てながら、岬の後ろへと消えていった。

これは古くからの伝統的な場面だ。従来はこのような形で商売を営み、野生の生物や荒野との共存が持続可能な形で成り立ち、それが何百年も継続してきた。しかしいまやタラの漁獲量は減少し、クジラはなかなか見つからず、トナカイの移動ルートも発見しづらくなった。さらに、アザラシの生息数と生態系とのバランスも崩れた。かつては厳しい環境でも一定数が確保されてきた生物の存在が、いまや脅かされている。*

*F. Karlsen, 2009. Management anc Utilization of Seals in Greenland. The Greenland Home Rule Department of Fisheries, Hunting and Agriculture 28 pages.

ただし、この状況はグリーンランドに限られたものではない。あらゆる大陸で荒野は消滅しつつある。そして荒野のはずれで暮らしながら恩恵にあずかり、荒野に依存する状態を続けてきた人たちは、大切にしてきたものを手放さざるを得ない状況に追い込まれている。現代世界は厚かましくも、伝統的な生活様式をまったく理解できないにもかかわらず、産業化の結果を強引に押し付けているのだ。しかも、荒野やそこで暮らす人々の生活を破壊しておきながら正当化に努め、モラルの低下は著しい。実際、多くの人が腹を立て、悪影響を緩和する方法を模索しているのは心強いが、激しい反発に直面している。いまや私たち全員が道徳的な怒りを感じるべきだが、経済の巨大な破壊力には圧倒されるばかりだ。

こうして経済は恐ろしい結果をもたらしているが、その一方、私たちの日常生活で荒野が果たす役割は減少しつつあり、それが状況をさらに複雑にしている。荒野についてはニュースでほとんど取り上げられず、政治でも滅多に考慮されず、ソーシャルメディアではほとんど存在しないも同然だ。大きな影響力を持つ「ウィルダネス・レター」（荒野からの手紙）のなかでウォレス・ステグナーは、一九六〇年につぎのように指摘している。

［荒野が］若者にとって素晴らしい場所なのは、普段とは比べようもないほど正常な心を束の間ではあるが体験できるからで、常軌を逸した生活から離れて休息することが可能だ。しかし年齢を重ねると、荒野はとにかく存在していれば十分だと見なされるようになる。荒野というアイデ

アさえ残っていれば、それだけで満足してしまう。

このレターのメッセージはいまや顧みられないが、ここで表現されている切迫感は、今日ではますます深刻化している。

人類の生活は共同体を土台としており、協力や経験の共有が欠かせない。しかし政治や経済的利益によって世界が強引に作り替えられ、荒野が後退していくにしたがって、私たちは心に本来備わっている荒々しい野生を解き放つ機会を奪われかねない。直接経験するにせよ、あるいは詩や芸術や歌を介するにせよ、私たちは荒野を共有し賛美して、消滅の危機から救わなければならない。荒野に生息するあらゆる生物種の生活を、私たちは認識し尊重しなければならない。荒野の地に畏敬の念を抱き、その素晴らしさを芸術で表現し、夢見るだけの価値は十分に備わっている。

用語集

斜長岩（anorthosite）　マグマから形成される岩石。少量の斜方輝石から構成され、主に斜長石を含む。斜長石は、カルシウム、ソディウム、アルミニウム、シリコンを豊富に含む鉱物である。斜長岩は、大陸の底では一般的な岩石だと考えられている。

バグト（bugt）　デンマーク語で海湾。

母岩（country rock）　地形を構成する岩相の大半を占める岩石。マグマが侵入する岩石の意でも使われる。

ディファイル（defile）　地域のなかで目立った地形的特徴を備えた谷や峠。

フィヨルド（fjord）　入り江。高く切り立った境界壁が多数見られる。氷食谷が海に侵入されると形成される。

フェーン（foehn）　暖かい強風で、風が斜面を下るときに発生する。本来はアルプス山脈の気象現象を指したが、いまではグリーンランドの氷冠など、大きな氷床の斜面を風が下るときに発生する強風にも使われる。

分別（fractionate, fractionation）　分離のプロセス。科学に応用されるときには通常、固体や気体などひとつの物質が、液体など別の物質から分離する状況を表現するために使われる。

片麻岩（gneiss）　高温高圧を経験し、複数の異なる鉱物の層を含む変成岩。通常、色の異なる縞状組織が重なっている。十分に加熱され剪断されれば、（火成岩、堆積岩、変成岩など）ほぼすべての種類の岩石から形成される。

同位体（isotope）　同じ化学元素に属するが、質量数の異なる原子。陽子の数は同じだが、中性子の数が異なる。安定したものもあるが、なかには不安定で、放射線を放出しながら崩壊し、別の元素になろうとするものもある。

風下（lee）　帆船の風下側。または海岸線や陸塊や物体のなかで、風から守られている部分。対照的に風上側は、風を直接受ける。

石質の（lithic）　石から成る。

斜方輝石（orthopyroxene）　特定の火成岩や変成岩が高温にさらされたときに形成される鉱物。主に鉄、マグネシウム、シリコンから構成される。

パルサ（palsa）　円丘の地学用語。幅は数フィートで、水を多く含む湿った場所に形成される。マウンドの形状は、パルサの表面から数フィートないし数十フィート下で凍り付いた水床コアによって決定される。

ピンゴ（pingo）　パルサよりも大きな小丘の地学用語。直径が数百フィートに達するときもある。

原岩（protolith）　変成する以前の前駆体の岩石。原岩を確認できれば、大昔の環境や状況を再現するための有力な手がかりになる。

レリクト（relict）　大昔から生き延びてきた地形や埋蔵物や外形。

片岩（schist）　鉱物が細長くて薄い板状の層に重なった変成岩。

シリマナイト／珪線石（sillimanite）　白い変成鉱物で、切片は細長い繊維がよじれているように見える。シリマナイトの存在からは通常、変成する以前の岩石に、アルミニウムを豊富に含む粘土などの物質が存在していたことがわかる。

ストーピング（stope, stoping）　上昇するマグマ体によって、マグマ溜まりを塞いでいる物質が切り離され吸い込まれるプロセス。通常これは鉱業用語で、鉱山の上部を覆う物質が取り除かれることを意味する。それが、溶岩（マグマ）が地殻を上昇する運動が関わるプロセスにも使われるようになった。

沈み込み（subduction）　ひとつの構造プレートが、別の構造プレートの下に潜り込むプロセス。

構造プレート（tectonic plate）　地殻と上部マントルから成るプレートで、それが地球の表面をゆっくりと移動する。地球の表面には大きなプレートが八枚、小さなプレートは数多く存在する。どのプレートもかなり固いので、プレート同士が衝突すると山系が形成される。

ツンドラ（tundra）　緯度や標高が高い場所に広がる寒冷地で、木は育たない。植物の生育期間は短い。複数の気象条件が重なって、植物のユニークなバイオームが出来上がる。

双晶（twin）　結晶内のある格子面を境に、原子配列の向きが規則的に変わっているもの。

超苦鉄質（ultramafic）　鉄とマグネシウムを豊富に含み、シリカ、アルミニウム、ソディウム、ポタジウムの含有量が少ないタイプの岩石。超苦鉄質岩は地球の体積の多くを占め、もともとはマントルを構成する岩石である。

謝辞

荒野に注目することの大切さは数世紀にわたって指摘され、様々なビジョンや個人的な経験をまとめた優れた作品が発表されてきたが、どれもユニークな視点から問題に取り組んでいる。作者たちは荒野とその存在についてじっくり考える必要性を訴えただけでなく、見る者の心に謙虚な気持ちを呼び起こしてくれた。以下に、はなはだ不完全なリストではあるが、素晴らしい成果を残した方々の名前をいくつか順不同に紹介し、感謝の気持ちを表したい。

ローレン・アイズリー
The Immense Journey（1957）

イリヤ・プリゴジン
From Being to Becoming（1980）
邦訳『存在から発展へ』（新装版）みすず書房、二〇一九年、小出昭一郎、安孫子誠也訳

フリーマン・ダイソン
Disturbing the Universe（1979）

ヘンリー・デイヴィッド・ソロー
Walden（1854）
邦訳『ウォールデン　森の生活』＊邦訳複数あり
ジョン・ミューア
The Mountains of California（1875）
邦訳『山の博物誌』立風書房、一九九四年、小林勇次訳
My First Summer in Siera（1911）
邦訳『はじめてのシエラの夏』宝島社、一九九三年、岡島成行訳
The Yosemite（1912）
アルド・レオポルド
A Sand County Almanac（1949）
邦訳『野生のうたが聞こえる』講談社学術文庫、一九九七年、新島義昭訳
エドワード・アビー
Desert Solitaire（1968）
The Monkey Wrench Gang（1975）
邦訳『爆破　モンキーレンチギャング』築地書館、二〇〇一年、片岡夏実訳

ロバート・マクファーレン
The Wild Places（2007）
マーガレット・ミード
Coming of Age in Samoa（1928）
邦訳『サモアの思春期』蒼樹書房、一九七六年、畑中幸子、山本真鳥訳
レイチェル・カーソン
Silent Spring（1962）
邦訳『沈黙の春』新潮社、一九七四年、青樹簗一訳
ゴントラン・ド・ポンサン
Kabloona: Among the Inuit（1941）
ピーター・マシーセン
The Snow Leopard（1978）
邦訳『雪豹』めるくまーる、一九八八年、芹沢高志訳
ゲーリー・スナイダー
Riprap and Cold Mountain Poems（1959）
邦訳『リップラップと寒山詩』思潮社、二〇一一年、原成吉訳

Turtle Island（1974）
邦訳『亀の島』山口書店、一九九一年、ナナオ・サカキ訳
The Practice of the Wild（1990）
バリー・ロペス
Arctic Dreams（1986）
邦訳『極北の夢』草思社、一九九三年、石田善彦訳
ロックウェル・ケント　グリーンランドへの絵画遠征に出かけ、現地の情景を欧米の読者に初めて紹介した。
ウォレス・ステグナー
Angle of Repose（1971）
ジョン・スタインベック
The Log from the Sea of Cortez（1951）
邦訳『コルテスの海』工作舎、一九九二年、吉村則子、西田美緒子訳
ヘンリー・ベストン
The Outermost House（1928）
邦訳『ケープコッドの海辺に暮らして』本の友社、一九九七年、村上清敏訳

E・O・ウィルソン
Consilience（1998）
アニー・ディラード
Pilgrim at Tinker Creek（1974）
邦訳『ティンカー・クリークのほとりで』めるくまーる、一九九一年、金坂留美子、くぼたのぞみ訳
Teaching a Stone to Talk（1982）
邦訳『石に話すことを教える』めるくまーる、一九九三年、内田美恵訳
グレーテル・エールリッヒ
The Solace of Open Spaces（1985）
Islands, the Universe, Home（1991）
This Cold Heaven（2001）
エルザ・マーリー
Blue Ice Series（2009）など、素晴らしい絵画作品を発表した。
テリー・テンペスト・ウィリアムス
Refuge（1992）
邦訳『鳥と砂漠と湖と』宝島社、一九九五年、石井倫代訳

When Women Were Birds（2012）
The Hour of Land（2016）

つぎに、グリーンランドの冒険を始めてくれたカイとジョンに感謝したい。何年も前に私を仲間に誘ってくれて以来、グリーンランドとそこでの生活に対するふたりの情熱は衰えることがなく、おかげでチームアルファも結成された。ふたりは好奇心が旺盛で、心のこもった誠実な態度を決して崩さない。それは私たちのチームにも、実践する科学にも良い影響をもたらした。一方、グリーンランドの人々は、自分たちの繁栄の拠り所である荒野の世界に驚嘆すべき力が備わっていることを十分に認識し、深い敬意を払い、荒野と密接な関わりを持つ文化を育んできた。外からの圧力に必死で抗う姿勢を見せられると、自分たちが選んだ行動はまだ不十分で、もっと努力が必要だと思い知らされる。私がはじめて参加した現地調査では、ルシア・ミルバーン、ピーター・サイテル、ジョン・ウィンターの世話になった。

キャサリン・テュロックには、この場をかりて深く感謝したい。彼女が鋭い洞察力を発揮して、細かい部分まで徹底的にチェックしてくれたおかげで、私の原稿は一冊の本に仕上がった。広大な風景のように、どこから手を付けてよいかわからない原稿の隅々まで丹念に目を通してくれた。その根気強さと寛大さには、頭が下がる思いだ。つぎに、ドーン・ラフェルが的確な指示を出してくれたおかげで、本の構想は膨らんで充実した。そしてエリカ・ゴールドマンの根気強く精力的な編集作業のおかげで、完成度はさらに高くなった。彼女の献身的な努力は一生忘れない。それからキャロル・エドワーズは、本書に込められた意味が明確に伝わるように手直しするため、大変な努力を払ってくれた。私のエージェントのマラガ・バルディも忘れてはいけない。原稿を本にして発表する場所を見つけるまで、辛抱強く励ましてくれた。そして最後にエラナ・ローゼンタールとモリー・ミコロウスキーは、本書に大いに注目し、鋭いビジョンを提供してくれた。

キャロライン・フィークスには、心の底から感謝しなければならない。何を書くべきか見つけるための果てしない作業に、来る日も来る日も根気強く付き合ってくれた。そしてサビナ・トーマス、マーサ・ヒックマン・ヒルド、アンネマリー・マイク、ルシア・ミルバーン、ダーク・シグラーは、本書が校正作業を重ねる数年間、惜しみなく時間を割いて貴重な知識を提供し、コメントを寄せてくれた。ローレンス・ミルマンの菌類学に関する洞察は、大いに役に立った。そして、荒野とその価値に関する討論に積極的に参加してくれたメイン州バーハーバーのアトランティック・カレッジの教職員と学生にも、この場をかりてお礼を述べたい。

私たちがグリーンランドで数年にわたって行なった調査の資金は、以下の機関から何度となく提供していただいた。全米科学財団、デンマーク独立研究評議会、グリーンランド・デンマーク地質調査所（GEUS）。これらの機関からのサポートに対し、この場をかりて深く感謝する。

本書に登場する書籍（邦訳があるもののみ）

ジョン・スタインベック『コルテスの海』工作舎、一九九二年、吉村則子、西田美緒子訳

バリー・ロペス『極北の夢』草思社、一九九三年、石田善彦訳

ジョン・ミューア『はじめてのシエラの夏』宝島社、一九九三年、岡島成行訳

アルフレッド・ロード・テニスン『イン・メモリアム』一二三編、岩波文庫、一九三四年、入江直祐訳

アニー・ディラード『石に話すことを教える』めるくまーる、一九九三年、内田美恵訳

訳者あとがき

地質学者がフィールドで調査を行なっている映像を、先日テレビで見る機会があった。乗り物は使わず、自分の足でひたすら歩き続け、岩肌をハンマーで叩いてサンプルを採集する手作業をひたすら繰り返す。そんな根気強い作業から、大昔の地球の歴史が明らかにされていく。岩石の種類や形状や色、地層のうねり具合から僅かなヒントを見つけ出し、いくつもの断片をつなぎ合わせると、最後に全体像が浮かび上がってくる。私など、奇妙な岩石や地層を見ても、その面白さに感嘆するだけだが、研究者は鋭い洞察力で切り込み、それが素晴らしい発見につながる。真摯に取り組む姿には、頭が下がる思いだ。

本書の翻訳を手がける以前にも一度、地質学者のノンフィクションを翻訳したことがあった。この本には、地球には周期的に隕石が衝突し、恐竜絶滅などの天変地異が繰り返されてきた痕跡を見つけるため、地質学者が根気強く研究を続けた成果がまとめられていた。小さな作業の積み重ねが、地球、さらには宇宙を巻き込んだ大きなスケールの謎を解き明かしていくプロセスは、とても興味深かった。本書も、スケールの大きさでは負けない。大昔のグリーンランドには何と、今日のヒマラヤやアルプスに匹敵する大きな山脈が存在していたというのだ。仮説によれば、プレート同士の相互作用か、あるいは何か別の原因によって、南から移動してきた大陸が北の大陸に衝突した結果、大陸間にあった海が押し上げられて隆起して、大きな山脈が出来上がった。しかしそれはあまりにも昔の出来事だったので、風化作用できれいに消滅したのだという。にわかには信じがたいが、本書の著者とふたりの相棒は、チームアルファというグループを結成し、謎の解明に果敢に乗り出す。

フィールドでの作業は厳しい自然環境で行なわれるものだが、チームアルファの場合は格別だ。極寒のグリーンランドのなかでも、ほとんど人跡未踏の荒野を歩き回らなければならない。本書のタイトルからもわかるように、「極限大地」である。私たちが思い浮かべる大自然の世界は、大自然といっても、どこかにかならず人間の手が加わり、アクセスが便利なように工夫されている。登山にしても、途中まで車で上り、そのあと歩いて頂上を目指す。たとえば富士山を一合目から徒歩で登る人は少ないだろう。あるいは尾瀬の湿原にしても、木道が整備されている。しかし極限の大地には、人間が手を加える余地がない。そもそも非常に寒いが、暖房器具を持ち込むことはできず、厚着をするしかない。もちろん電気はない。そして周囲には、人間がひとりもいないから、三人で助け合うしかない。そして、ここには音が存在しない。人間が暮らす世界は、たとえ騒々しくなくても、様々な音で満たされている。風が吹く音、波が浜辺に打ち寄せる音以外には、音がほとんど存在しない世界は、静まり返っているのだろう。でも、これだけ過酷な環境で、人を簡単に寄せ付けないからこそ、大昔の出来事の痕跡がきれいに残されている可能性は高く、それが地質学者にとっては大きな魅力になっている。カリフォルニア大学で教鞭をとるかつてサーフィン少年だった著者は、すべてお金で解決できる文明社会から遠く隔たった人跡未踏の原生自然に身を置くことで、自分自身に訪れた変化を哲学的に、自省録的に語っており、それが本書を魅力的にしている。岩石や地層は多くを語っていることがわかると、見慣れた風景にはどんな歴史が込められているのか興味がわく。たとえば奇岩で有名な妙義山は、大昔の火山活動で形成された後に浸食作用が進み、溶岩の岩体が露出したと考えられている。かつては、富士山のような山だったのかもしれないという。

本書は、地質学者が極限大地グリーンランドでフィールド調査を行ない、大昔の謎を解き明かすことがテーマなので、岩石や地層の僅かな特徴に注目し、それを鋭く分析していくプロセスが克明に描かれている。地道な研究成果を報告する専門書として、本書は素晴らしい内容だが、著者のウィリアム・グラスリーはそれ以外の要素も取り入れ、グリーンランドの大自然に興味のある人にとって読み応えのある内容に仕上げている。たとえば章によって時系列が前後し、著者の心の動きに沿って展開する文学的な側面を持っていて、グリーンランドの壮大な自然についての描写がふんだんに盛り込まれている。この部分も非常に面白い。先ず、真っ白な氷原や氷山の壮大なスケールに圧倒される。つぎにフィヨルドの青い海原が印象的だ。そして、ツンドラは可憐な花や地衣類で美しく彩られている。風景描写を読んでいると、美しい景色が頭のなかに自然と思い浮かんでくる。もちろん観光旅行で訪れることができるような安全な場所ではないが、素晴らしい自然を独り占めしているチームアルファはうらやましい。おまけにチームアルファは、蜃気楼に遭遇したり、濁流にのみ込まれそうになったり、ユニークな経験をしている。そして、動物たちとの出会いも印象的だ。過酷な自然環境にも、見事に適応している動物が僅かながら存在している。面白いのは蚊の大群で、少しでも気温が上昇すると、容赦なく襲いかかってくる。蚊は嫌いだが、暑さ寒さにかかわらず、どこでも生存できる逞しさには脱帽する。人間との遭遇に驚くハヤブサやライチョウ、海面いっぱいに広がる魚の群れ、岩全体にびっしり張り付いた貝、岸壁に集まった鳥の大群など、グリーンランド独特の生物との出会いを（蚊の大群は例外だが）著者は楽しんでいるようだ。

ただし、人間が簡単に住めないグリーンランドには手つかずの自然が広がっているとはいえ、大昔のままの姿をとどめているわけではない。プレートが少しずつ動いているおかげで、景色は常に少しずつ変化し続ける。何しろ、高くそびえる山脈が風化作用によって消滅するほどだから、地球の長い歴史を通じて変化は目まぐるしく進行している。自然が変わらないと思うのは、私たち人間がほんの束の間の存在にすぎないからだ。人間は文明を発達させ、自分たちが暮らしやすいように自然環境を作り替えてきたが、だからといって高等生物というわけではないし、いつか絶滅する日がきたら、人間が存在した痕跡はほとんど残されない。いまの時代の地層には、いったい何が残されるのだろうか。そして未来の生物は、そこから何を発見するのだろうか。人間は、宇宙のなかでちっぽけな存在にすぎない。その事実を、著者はグリーンランドの荒野（ウィルダネス）での体験を通じて学び、すべての人類がこの事実を学ぶために荒野は不可欠な存在であり、結びつきが断ち切られてはならないと訴えている。著者がグリーンランドでの一カ月の調査を終えて文明社会に戻ったとき、狭くて息苦しさを感じるが、それほど私たちは地球のなかで孤立しているのだろう。

今回グリーンランドで調査を行なうきっかけになったのは、著者の相棒であるジョンとカイが大事な研究成果を頭から否定されたことだった。グリーンランドでは大昔、ふたつの大陸が衝突したという説を、ふたりは丹念なフィールド調査から得られた証拠に基づいて発表し、それは好意的に受け入れられていた。ところが、ある研究者が詳しい調査を行なったわけでもないのに、その説は間違っていると非難し、それが認められてしまった。本書でも指摘されているが、科学の研究成果が一〇〇パーセント正しいことはなく、後の世代の研究者によって誤りが修正され、成果は次第に充実していくものだ。しかしこのときは、そのような展開にならず、そこでリベンジの意味も含め、チームアルファのフィールド調査が実現したのだという。ずさんな調査によって大事な研究成果を否定された後、そんな評価を覆すためにチームアルファは奮闘し、見事な成果を上げた。三人のチームワークは抜群だ。危険な目に合えば助け合って乗り切り、荒野を歩き回って一日を過ごしたあとは、テントで食事をとりながら色々と話し合う。読んでいると、仲の良い雰囲気が伝わってくる。

ところでグリーンランドを含め、地球のあちこちで大陸が移動したすえに衝突し、地形に大きな変化が引き起こされるプロセスには、プレート運動が関わっている。グリーンランドに山脈がそびえ立っていたのはずいぶん大昔で、それがプレート運動によるものかは断言できないが、その可能性は考えられるという。では、地球の表面はなぜ複数のプレートに覆われ、その動きによって様々な地学現象が発生し、ユニークな地形が出来上がり、さらにそれが変化し続けるようになったのだろう。これについて本書では取り上げていないが、かねてより気になっていた。そもそも、地球が誕生した時点からプレート運動が始まっていたのかどうか、わからないという。私は専門家ではないので、ネットなどで集めた情報によれば、地球以外の太陽系の惑星は全体が一枚のプレートで覆われているらしい。では、なぜ地球だけがユニークな存在になったのかと言えば、水の影響が考えられるという。たしかに地球は水の惑星とも言われるぐらいだから、その可能性はあり得る。水がプレート運動の引き金となり、それで地球にユニークな景観が創造されたのが本当ならば、私たち人間がそのサイクルを崩してはならない。いまや人間は文明世界での活動を通じて環境を猛烈な勢いで破壊している。たしかに人間など、宇宙のなかでちっぽけな存在であり、繰り返しになるが、いつか滅びてしまえば忘れ去られてしまう。でも、地球が誕生以来、壮大なスケールで繰り返してきた周期を乱すような行動は、慎むべきではないだろうか。人間は、地球のなかでとびきり優秀な突然変異ではない。実際、地球で新参者と言える。恐竜は、人間よりもずっと長く存在していた。恐竜は、おそらく巨大隕石の衝突をきっかけに絶滅したと言われるが、もしもこれがなければ、未だに恐竜の世界が続いていたかもしれない。

本書は、科学、野外研究、新しい自然史という三つの条件を併せ持つネイチャーライティングに贈られる最も権威ある賞のひとつで、米国自然史博物館から贈られる「ジョン・バロウズ賞」を二〇一九年に受賞している。三拍子そろった素晴らしい本であることは間違いないので、ぜひこの機会に手を取り、荒野《ウィルダネス》や地球の未来、このふたつの要素との人間の今後の関わり方について考えるきっかけにしていただければ幸いだ。

本書は、築地書館の土井二郎さんから翻訳のお話をいただき、編集作業では北村緑さんに大変お世話になった。この場をかりて謝意を表したい。

小坂恵理

二〇二二年五月

【著者紹介】
ウィリアム・グラスリー（William E. Glassley）
カリフォルニア大学デービス校の地質学者、デンマークのオーフス大学の名誉研究員で、大陸の進化とそのエネルギー源となるプロセスを研究している。70以上の研究論文のほか、地熱エネルギーに関する教科書の著者でもある。本書は、著者にとって初めての一般向けの本となる。ニューメキシコ州サンタフェ在住。

【訳者紹介】
小坂恵理（こさか　えり）
翻訳家。慶應義塾大学文学部英米文学科卒業。訳書に『ラボ・ガール』『繰り返す天変地異』（以上、化学同人）、『歴史は実験できるのか』（慶應義塾大学出版会）、『マーシャル・プラン』（みすず書房）、『地球を滅ぼす炭酸飲料』（築地書館）など。

極限大地
地質学者、人跡未踏のグリーンランドをゆく

2022年7月13日　初版発行

著者　ウィリアム・グラスリー
訳者　小坂恵理
発行者　土井二郎
発行所　築地書館株式会社
〒104-0045
東京都中央区築地7-4-4-201
TEL 03-3542-3731　FAX 03-3541-5799
http://www.tsukiji-shokan.co.jp/
振替 00110-5-19057
印刷・製本　シナノ印刷株式会社
装丁・装画　秋山香代子